V

REGIÆ SCIENTIARUM ACADEMIÆ

EPHEMERIDES

JUXTA RECENTISSIMAS OBSERVATIONES

AD MERIDIANUM PARISIENSEM

IN OBSERVATORIO REGIO

Authore JACOBO LIEUTAUD, *ex eadem Academia.*

AD ANNUM AB INCARNATIONE VERBI MDCCIV.

A creatione Mundi 5653.

A correctione Gregoriana 122.

BISSEXTILEM.

PARISIIS,

Apud JOANNEM BOUDOT, Regis & Regiæ Scientiarum Academiæ Typographum, viâ Jacobæâ, ad Solem Aureum.

M. DCCIII.

CUM PRIVILEGIO REGIS.

ANNUS BISSEXTILIS 1704.

Solaris anni quantitas, à bruma anni 1703. ad ſequentem brumam, eſt dierum 365. hor. 5. min. 49. ſecund. 45. ſed à verno anni 1703. æquinoctio, ad vernum anni 1704. æquinoctium, eſt dierum 365. hor. 5. min. 48. ſecund. 49.

		G.	M.	S.	
Locus Apogæi Planetarum anno 1704. ineunte.	♄	29	18	47	♐
	♃	10	21	57	♎
	♂	0	38	45	♍
	☉	8	10	35	♋
	♀	7	0	28	♒
	☿	13	8	37	♐
	☽	8	53	17	♋

Aureus Numerus.	14
Cyclus Solaris.	5
Epacta.	23
Indictio Romana.	12
Littera Dominicalis.	F. E.

FESTA MOBILIA.

Septuageſima.	20. Januarii.
Dies cinerum.	6. Februarii.
Paſcha Reſurrectionis.	23. Martii.
Rogationes.	28. 29. 30. Aprilis.
Aſcenſio Domini.	1. Maii.
Pentecoſtes.	11. Maii.
Dominica SS. Trinitatis.	18. Maii.
Feſtum Corporis Chriſti.	22. Maii.
Dominicæ poſt Pentecoſtem.	28.
Adventus Domini.	30. Novembris.

QUATUOR ANNI TEMPORA.

Februarii.	13	15	16
Maii.	14	16	17
Septembris.	17	19	20
Decembris.	17	19	20

SOLIS ET LUNÆ ECLIPSES

ANNO 1704.

BISSEXTILI.

Ter hoc Anno deficiet Sol; Luna verò bis. Sol ſcilicèt 6. Januarii, 2. Junii, & 26. Novembris. Luna 16. Junii, & 10. Decembris.

Eclipſium illarum nulla, præter Lunæ ultimam, nobis erit hoc Anno conſpicua.

ECLIPSIS LUNÆ decimâ die Decembris.

Initium Eclipſis....	18h	6′	56″	Latitudo ☾ Septentrionalis Aſcendens	0°	35′	33″
Medium..........	19	27	53	Latitudo S. A.	0	39	38
Finis............	20	48	50	Latitudo S. A.	0	46	59
Duratio.........	2	41	54				
Quantitas ad Auſtrum	6 digit. 21′.						

Finis Eclipſis non videbitur.

FIGURA.

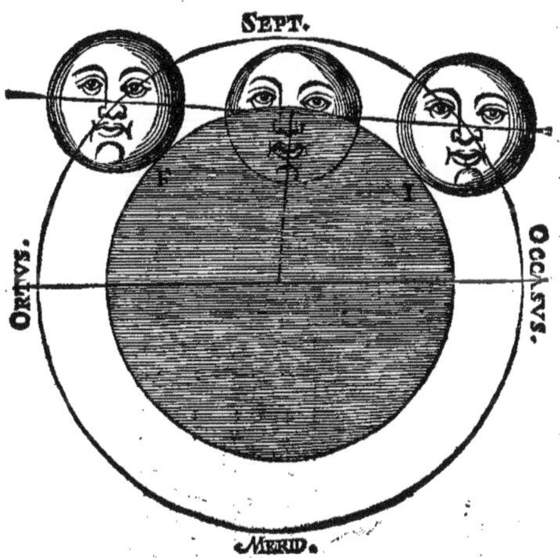

Januarii Motus Diurnus Planetarum, Anno 1704.

Gregor. Jan.	Julian. Dec	♄ ♈ G.	M.	♃ ♉ G.	M.	♂ ♏ G.	M.	☉ ♑ G.	M.	S.	♀ ♏ G.	M.	☿ ♑ G.	M.	☾ ♎ G.	M.	S.	Lat. ☾ S. D. G.	M.	S	☊ ☾ ♋ G.	M.	S.
Dies.																							
1	21	15	59	11 ℞	10	24	13	10	13	32	26	18	2	25	24 ♏	22	8	4	52	48	0	49	12
2	22	16	1	11	9	24	52	11	14	43	27	6	4	0	7	59	29	4	14	22	1	18	29
3	23	16	3	11	8	25	30	12	15	55	27	53	5	35	22 ♐	22	37	3	17	33	1	33	40
4	24	16	4	11	7	26	9	13	17	6	28	40	7	10	6	55	53	2	8	28	1	28	45
5	25	16	6	11	6	26	47	14	18	18	29 ♐	27	8	45	21 ♑	47	47	0 M.	48	55	1	1	16
6	26	16	8	11	6	27	26	15	19	29	0	14	10	20	6	49	3	0	35	34	0	15	32
7	27	16	10	11 Di.	6	28	7	16	20	39	1	6	11	57	21 ♒	59	21	1	56	17	29 ♊	21	35
8	28	16	12	11	6	28	47	17	21	49	1	57	13	34	7	2	57	3	9	10	28	34	4
9	29	16	14	11	7	29 ♐	28	18	22	59	2	48	15	12	21 ♓	52	50	4	8	23	28	3	19
10	30	16	16	11	8	0	8	19	24	9	3	40	16	49	6	26	40	4	50	17	27	54	15
11	31	16	18	11	9	0	49	20	25	19	4	31	18	26	20 ♈	37	56	5 A.	11	25	28	4	21
12	Januarius. 1	16	21	11	10	1	30	21	26	27	5	26	20	5	4	14	6	5	17	33	28	32	13
13	2	16	24	11	12	2	11	22	27	35	6	21	21	44	17 ♉	30	53	5	4	0	29	7	19
14	3	16	27	11	14	2	52	23	28	42	7	16	23	24	0	20	5	4	32	41	29 ♋	40	56
15	4	16	30	11	16	3	33	24	29	50	8	11	25	3	12	46	50	3	55	8	0	15	14
16	5	16	33	11	18	4	14	25	30	58	9	6	26	42	25 ♊	0	22	3	4	19	0	38	17
17	6	16	36	11	20	4	54	26	32	2	10	3	28 ♒	24	7	3	26	2	6	9	0	48	21
18	7	16	40	11	22	5	35	27	33	7	11	1	0	5	18 ♋	51	57	1 S.	3	48	0	44	25
19	8	16	43	11	24	6	15	28	34	11	11	59	1	47	0	35	32	0	0	45	0 ♊	26	59
20	9	16	47	11	27	6	56	29 ♒	35	16	12	57	3	29	12	18	27	1	5	5	29	56	34
21	10	16	50	11	30	7	36	0	36	20	13	55	5	11	24 ♌	4	9	2	6	42	29	17	33
22	11	16	54	11	34	8	16	1	37	20	14	54	6	55	5	57	14	3	3	21	28	35	17
23	12	16	57	11	38	8	57	2	38	19	15	54	8	40	17 ♍	54	41	3	52	9	27	56	33
24	13	17	1	11	43	9	37	3	39	19	16	54	10	24	0	0	20	4	31	11	27	25	14
25	14	17	4	11	47	10	18	4	40	18	17	54	12	9	12	17	42	4	58	31	27	6	57
26	15	17	8	11	51	10	58	5	41	18	18	54	13	53	24 ♎	49	59	5 D.	12	11	27	3	47
27	16	17	12	11	55	11	38	6	42	13	19	56	15	39	7	34	43	5	0	59	27	16	10
28	17	17	17	11	59	12	19	7	43	8	20	58	17	25	20 ♏	38	59	4	53	45	27	42	38
29	18	17	21	12	3	12	59	8	44	3	22	0	19	11	4	3	52	4	20	9	28	18	39
30	19	17	25	12	7	13	39	9	44	58	23	2	20	57	17 ♐	37	13	3	31	58	28	56	33
31	20	17	30	12	12	14	20	10	45	53	24	4	22	42	1	37	59	2	29	1	29	31	4

LATITUDO

Jan.	Dec	Superiorum M. A. G.	M.	M. A. G.	M.	S. D. G.	M.	Inferiorum. S. A. G.	M.	M. D. G.	M.
Dies.											
1	21	2	36	1	5	0	28	4	3	1	8
6	26	2	35	1	4	0	25	4	7	1	32
11	31	2	33	1	2	0	22	4	5	1	52
16	5	2	32	1	1	0	19	3	59	2 A.	1
21	10	2	30	0	59	0	15	3 D.	49	2	2
26	15	2	29	0	58	0	12	3	35	1	51

Januarii Aspectus Lunæ cum Planetis.

Dies.	Dierum Solemnitates.	♄ Occid.	♃ Occid.	♂ Orien.	☉ H. M.	♀ Orien.	☿ Orien.	Aspectus Planetarum Mutui.
1	Circoncisio Christi.						✱	△ ♃ ☉
2			☍		✱			
3	S. Genovefa Virgo.			☌		☌		
4		△						
5	S. Telesphorus Papa & Mart.							☽ ☋
F. 6	Epiphania Domini.	□	△		14 ● 26		☌	□ ♄ ☉. △ ♃ ☿. Eclip. ☉
7				✱		✱		☽ Perigæum ad ♑
8		✱	□					
9				□		□		□ ♄ ☿
10			✱				✱	
11	S. Hyginus Papa & Martyr.			△	✱			
12		☌				△		
F. 13					10 ☽ 3		□	☌ ☉ ☿
14	S. Hilarius Episcopus & Conf.		☌					
15	S. Paulus primus Eremita.						Occid.	
16	S. Marcellus Papa & Martyr.			☍	△		△	
17	S. Antonius Abbas.	✱				☍		
18	Cathedra S. Petri Romæ.							
19	SS. Marius & Martha Martyres.		✱					☽ ☊
F. 20	*Septuagesima* S. Sebastianus.	□						☽ Apog. ad 8°. 53'. ♋
21	S. Agnes Virgo & Martyr.				13 ○ 58			
22	S. Vincentius Martyr.	△	□	△		△	☍	
23	S. Emerentiana Virgo & Mart.							✱ ♂ ☿
24	S. Timothæus Episc. & Mart.		△	□				△ ♄ ♀. □ ♃ ☿
25	Conversio S. Pauli Apostoli.					□		
26	S. Polycarpus Episc. & Mart.				△			
F. 27	*Sexag.* S. Joan. Chrys. Ep. & C.	☍		✱			△	✱ ♄ ☿
28	S. Agnes, secundò.					✱		
29	S. Franciscus Salesius Confess.		☍		8 ☾ 56			
30	S. Martina Virgo & Martyr.						□	
31	S. Petrus Nolascus Confessor.			☌	✱			

Emersiones primi Satellitis Jovis.

Dies.	H.	M.	S.	Dies.	H.	M.	S.	Dies.	H.	M.	S.
1	5	52	52	11	20	41	18	22	11	31	2
3	0	20	55	13	15	9	29	24	5	59	40
4	18	48	55	15	9	37	43	26	0	27	53
6	13	16	59	17	4	6	1	27	18	56	22
8	7	45	0	18	22	34	18	29	13	24	56
10	2	13	4	20	17	2	38	31	7	53	32

Februarii Motus Diurnus Planetarum, Anno 1704.

Gregor. Feb.	Julian. Jan.	♄ ♈ G.	M.	♃ ♉ G.	M.	♂ ♐ G.	M.	☉ ♒ G.	M.	S.	♀ ♐ G.	M.	☿ ♒ G.	M.	☾ ♐ G.	M.	S.	Lat. ☾ S. D. G.	M.	S.	☊ ☾ ♊ G.	M.	S.
1	21	17	34	12	16	15	0	11	46	48	25	6	24	28	15 ♑	55	42	1 M.	16	0	29	53	3
2	22	17	39	12	22	15	38	12	47	36	26	10	26	9	0	25	54	0	2	43	29	55	57
3	23	17	44	12	27	15	16	13	48	24	27	13	27	49	15 ♒	12	53	1	20	35	29	36	54
4	24	17	48	12	33	16	54	14	49	11	28	17	29 ♓	29	0	13	34	2	37	32	28	54	51
5	25	17	53	12	39	17	32	15	49	59	29 ♑	20	1	9	15 ♓	9	35	3	40	58	28	5	58
6	26	17	58	12	45	18	10	16	50	47	0	24	2	49	0	4	16	4	25	11	27	16	11
7	27	18	3	12	51	18	55	17	51	28	1	29	4	14	14	40	47	4	58	52	26	38	40
8	28	18	8	12	58	19	39	18	52	9	2	35	5	38	28 ♈	56	46	5 A.	9	13	26	20	13
9	29	18	13	13	5	20	24	19	52	49	3	40	7	3	12	39	10	5	1	11	26	21	52
10	30	18	18	13	12	21	8	20	53	30	4	45	8	27	25 ♉	58	50	4	36	48	26	40	5
11	31	18	23	13	19	21	53	21	54	11	5	51	9	52	8	51	41	3	58	44	27	9	32
12	Februarius. 1	18	29	13	26	22	32	22	54	44	6	57	11	0	21 ♊	19	29	3	10	23	27	43	29
13	2	18	34	13	33	23	11	23	55	17	8	3	11	57	3	33	53	2	14	5	28	17	9
14	3	18	40	13	39	23	51	24	55	49	9	9	12	52	15	35	45	1	12	36	28	45	16
15	4	18	45	13	46	24	30	25	56	22	10	15	13	36	27 ♋	22	17	0 S.	9	27	29	3	46
16	5	18	51	13	53	25	9	26	56	55	11	21	14	16	9	8	15	0	54	5	29	10	4
17	6	18	57	14	2	25	50	27	57	19	12	29	14	36	20 ♌	51	56	1	54	53	29	2	49
18	7	19	3	14	11	26	30	28	57	44	13	36	14	54	2	38	14	2	50	40	28	42	4
19	8	19	8	14	20	27	11	29 ♓	58	8	14	44	15 ℞	2	14	33	8	3	39	33	28	9	42
20	9	19	14	14	29	27	51	0	58	33	15	52	15	0	26 ♍	50	32	4	19	42	27	28	17
21	10	19	20	14	38	28	32	1	58	57	16	59	14	47	9	16	28	4	46	52	26	46	40
22	11	19	26	14	47	29	13	2	59	12	18	7	14	17	21 ♎	51	52	5 D.	2	40	26	7	56
23	12	19	32	14	56	29 ♑	54	3	59	27	19	14	13	41	4	36	54	4	56	48	25	40	50
24	13	19	39	15	5	0	35	4	59	43	20	22	13	1	17 ♏	31	55	4	47	45	25	29	24
25	14	19	45	15	14	1	15	5	59	58	21	29	12	16	0	49	37	4	16	52	25	34	33
26	15	19	51	15	23	1	56	7	0	13	22	37	11	26	14	14	3	3	31	37	25	55	43
27	16	19	57	15	32	2	37	8	0	20	23	45	10	22	27 ♐	56	2	2	33	11	26	28	58
28	17	20	4	15	41	3	17	9	0	26	24	53	9	19	11	37	10	1	26	58	27	7	5
29	18	20	10	15	49	3	58	10	0	33	26	2	8	16	25	51	2	0	10	37	27	44	12

LATITUDO

Feb. Dies.	Jan.	Superiorum M. A. G.	M.	M. A. G.	M.	S. D. G.	M.	Inferiorum S. D. G.	M.	M. A. G.	M.
1	21	2	28	0	56	0	7	3	16	1	17
6	26	2	27	0	55	0	4	2	58	0	30
11	31	2	25	0	54	0 M.	1	2	37	0 S.	35
16	Feb. 5	2	24	0	52	0	5	2	16	1	51
21	10	2	24	0	51	0	10	1	55	3 D.	2
26	15	2	23	0	50	0	15	1	33	3	39

Februarii Aſpectus Lunæ cum Planetis.

	Dies.	Dierum Solemnitates.	♄ Occid.	♃ Occid.	♂ Orien.	☉ H. M.	♀ Orien.	☿ Occid.	Aſpectus Planetarum Mutui.
	1	S. Ignatius Epiſcopus & Mart.	△				☌	✱	□♃☉. ✱♀☿. ☽☋
	2	Purificatio B. Mariæ Virginis.		△					
F.	3	*Quinquag.* S. Blaſius Ep. & M.	□						☽ Perig. ad ♑.
	4	S. Andreas Corſinus Ep. & Conf.		□					
	5	S. Agatha Virgo & Martyr.	✱		✱	1 ● 9			△ ♄ ♂.
	6	*Dies Ciner.* S. Dorothea V. & M.		✱			✱	☌	
	7	S. Romualdus Abbas.			□				✱ ♄ ☉.
	8	S. Joannes de Mattha.					□		
	9	S. Apollonia Virgo & Martyr.	☌		△	✱			
F.	10	*Quadrag.* S. Scholaſtica Virgo.					△		✱ ♂ ☉.
	11	S. Severinus Abbas.		☌				✱	
	12					3 ☽ 23			
	13	*Quatuor tempora.*						□	
	14	S. Valentinus Preſb. & Mart.	✱		☍	△			
	15	*Quatuor tempora.*							✱ ♃ ☿. ☽ ☊.
	16		□	✱			☍	△	☽ Apog. ad 12°. 21'. ♋.
F.	17	*Reminiſcere.*							△ ♃ ♀.
	18	S. Simeon Epiſcopus & Mart.		□					
	19		△						✱ ♀ ☿.
	20				△	8 ○ 42			
	21			△			△	☍	
	22	Cathedra S. Petri Antiochiæ.			□				✱ ♃ ☿.
	23								□ ♄ ♀.
F.	24	*Oculi.*	☍				□		
	25	S. Matthias Apoſtolus.			✱	△		△	
	26			☍			✱		
	27					19 ☾ 3		□	
	28		△						☌ ☉ ☿.
	29				☌			Orien. ✱	☽ ☋.

Emerſiones primi Satellitis Jovis.

Dies.	H.	M.	S.	Dies.	H.	M.	S.	Dies.	H.	M.	S.
2	2	22	11	12	17	14	58	23	8	9	13
3	20	50	54	14	11	43	54	25	2	38	22
5	15	19	40	16	6	12	55	26	21	7	25
7	9	48	25	18	0	41	51	28	15	36	43
9	4	17	15	19	19	10	58				
10	22	46	6	21	13	40	6				

Martii Motus Diurnus Planetarum, Anno 1704.

Gregor. Mar.	Julian. Feb	♄ ♈		♃ ♉		♂ ♑		☉ ♓			♀ ♑		☿ ♓		☾ ♑			Lat. ☾ M. D.			☊ ☾ ♊		
Dies.		G.	M.	G.	M.	G.	M.	G.	M.	S.	G.	M.	G.	M.	G.	M.	S.	G.	M.	S.	G.	M.	S.
1	19	20	16	15	58	4	39	11	0	40	27	10	7 ℞	12	10	7	37	1	5	34	28	10	36
2	20	20	23	16	7	5	20	12	0	39	28	19	6	18	24 ♒	26	17	2	17	30	28	20	4
3	21	20	29	16	16	6	1	13	0	38	29 ♒	28	5	24	8	59	20	3	21	28	28	8	54
4	22	20	36	16	25	6	41	14	0	37	0	37	4	31	23 ♓	41	5	4	12	17	27	37	26
5	23	20	42	16	34	7	22	15	0	36	1	46	3	37	8	17	29	4	46	10	26	51	20
6	24	10	49	16	43	8	3	16	0	35	2	55	2	43	22 ♈	42	20	5 A.	1	16	26	2	1
7	25	20	56	16	53	8	44	17	0	24	4	5	2	6	6	51	30	4	57	39	25	20	32
8	26	21	3	17	4	9	25	18	0	13	5	14	1	36	20 ♉	39	54	4	36	44	24	53	47
9	27	21	9	17	14	10	6	19	0	2	6	24	1	12	3	56	39	4	1	15	24	43	50
10	28	21	16	17	25	10	47	19	59	51	7	34	0	54	16	45	0	3	10	7	24	53	11
11	29	21	23	17	36	11	28	20	59	40	8	44	0	42	29 ♊	20	49	2	19	10	25	14	17
12	Martius 1	21	30	17	47	12	8	21	59	18	9	53	0	36	11	33	26	1	18	27	25	43	35
13	2	21	37	17	57	12	49	22	58	56	11	3	0 Di.	35	23 ♋	36	2	0 S.	14	42	26	16	0
14	3	21	45	18	8	13	29	23	58	35	12	12	0	43	5	23	33	0	47	5	26	46	22
15	4	21	52	18	19	14	10	24	58	13	13	22	0	54	17	11	8	1	48	51	27	11	44
16	5	21	59	18	29	14	50	25	57	51	14	31	1	12	29 ♌	0	49	2	45	5	27	27	29
17	6	22	6	18	41	15	31	26	57	20	15	42	1	42	10	54	7	3	34	17	27	31	3
18	7	22	13	18	52	16	12	27	56	49	16	52	2	13	22 ♍	51	35	4	14	0	27	20	58
19	8	22	21	19	4	16	52	28	56	18	18	2	2	43	5	11	38	4	43	3	26	55	1
20	9	22	28	19	15	17	31	29	55	47	19	12	3	14	17 ♎	55	56	4 D.	58	9	26	19	55
21	10	22	35	19	27	18	14	0 ♈	55	16	20	23	3	44	0	47	58	5	0	16	25	36	20
22	11	22	42	19	39	18	55	1	54	35	21	33	4	35	13	59	48	4	45	48	24	54	34
23	12	22	50	19	50	19	36	2	53	54	22	44	5	26	27 ♏	25	51	4	15	32	24	20	45
24	13	22	57	20	1	20	16	3	53	12	23	55	6	17	11	4	39	3	30	33	24	0	25
25	14	23	5	20	13	20	57	4	52	31	25	5	7	7	24 ♐	39	55	2	33	36	23	58	45
26	15	23	12	20	25	21	38	5	51	50	26	16	7	58	8	32	55	1	22	28	24	14	48
27	16	23	20	20	37	22	19	6	50	58	27	27	9	4	22 ♑	24	39	0 M.	13	25	24	47	22
28	17	23	27	20	50	23	0	7	50	5	28	38	10	10	6	30	52	1	2	12	25	22	24
29	18	23	35	21	2	23	41	8	49	13	29 ♓	48	11	15	20 ♒	36	24	2	12	2	25	59	36
30	19	23	42	21	14	24	21	9	48	21	0	59	12	21	4	45	15	3	17	2	26	28	39
31	20	23	50	21	27	25	2	10	47	28	2	10	13	27	18	49	56	4	7	35	26	43	9

LATITUDO

Mar.	Feb.	Superiorum M. A.		M. A.		M. D.		Inferiorum. S. D.		S. D.	
Dies.		G.	M.	G.	M.	G.	M.	G.	M.	G.	M.
1	19	2	22	0	49	0	18	1	17	3	32
6	24	2	21	0	48	0	24	0	53	2	43
11	29	2	21	0	47	0	30	0	32	1	34
16	Mar. 5	2	20	0	46	0	35	0 M.	12	0 M.	24
21	10	2	19	0	45	0	41	0	8	0	38
26	15	2	19	0	44	0	47	0	25	1	25

Martii Aspectus Lunæ cum Planetis.

Dies.	Dierum Solemnitates.	♄ Occid.	♃ Occid.	♂ Orien.	☉ H. M.	♀ Orien.	☿ Orien.	Aspectus Planetarum Mutui.
1	S. Albinus Episcopus.	□	Δ		✱			☽ Perig. ad ♑.
E. 2	*Lætare.*					☌		✱ ♂ ☿.
3		✱	□					
4	S. Casimirus Confessor.						☌	
5			✱	✱	12 ● 1			
6								✱ ♃ ☉.
7	S. Thomas de Aquino.			□		✱		
8		☌					✱	
E. 9	*Judica.* S. Francisca vidua Rom.			Δ		□		
10	S. Droctoveus Abbas.		☌		✱			
11	SS. Quadraginta Martyres.					Δ	□	
12	S. Gregorius Papa & Ec. Doct.	✱			22 ☽ 40			
13							Δ	☽ ☊.
14				☍				
15		□	✱		Δ			☽ Apog. ad 15°. 34'. ♋.
E. 16	*Dominica Palmarum.*							
17	S. Patritius Episcopus & Conf.	Δ	□			☍		
18							☍	
19				Δ				
20			Δ					□ ♃ ♀.
21	*Passio Domini.*				0 ○ 12			
22		☍		□		Δ		
E. 23	*PASCHA Resurrectionis.*						Δ	✱ ♄ ♀. Δ ♃ ♂.
24			☍	✱				
25					Δ	□	□	
26								
27		Δ				✱		☽ ☋.
28					2 ☾ 9		✱	□ ♄ ♂.
29		□	Δ	☌				☽ Perig. ad ♑.
E. 30	*Quasimodo.*				✱			
31	Ann. B. Mariæ Virginis.	✱	□					

Emersiones primi Satellitis Jovis.

Dies.	H.	M.	S.	Dies.	H.	M.	S.	Dies.	H.	M.	S.
1	10	5	54	12	1	1	44	22	15	58	3
3	4	35	7	13	19	31	8	24	10	27	27
4	23	4	24	15	14	0	31	26	4	56	50
6	17	33	40	17	8	29	16	27	23	25	53
8	12	3	2	19	2	59	16	29	17	55	39
10	6	32	21	20	21	28	39	31	12	25	4

Aprilis Motus Diurnus Planetarum, Anno 1704.

Gregor. Apr.	Julian. Mar.	♄ ♈ G.	M.	♃ ♉ G.	M.	♂ ♑ G.	M.	☉ ♈ G.	M.	S.	♀ ♓ G.	M.	☿ ♓ G.	M.	☾ ♓ G.	M.	S.	Lat. ☾ M. D. G.	M.	S.	☊ ☾ ♊ G.	M.	S.
1	21	23	57	21	39	25	43	11	46	36	3	21	14	32	2	58	14	4	43	11	26	39	0
2	22	24	5	21	51	26	24	12	45	32	4	32	15	50	17	9	21	5 A.	1	14	26	14	58
3	23	24	12	22	4	27	4	13	44	28	5	43	17	8	♈ 1	13	21	5	1	0	25	36	41
4	24	24	20	22	16	27	45	14	43	25	6	54	18	26	15	3	48	4	43	0	24	50	29
5	25	24	27	22	28	28	25	15	42	21	8	5	19	43	28 ♉	35	27	4	9	40	24	8	19
6	26	24	35	22	41	29	6	16	41	17	9	16	21	1	11	47	24	3	23	35	23	35	32
7	27	24	43	22	54	29 ♒	47	17	40	3	10	28	22	28	24 ♊	39	52	2	28	5	23	17	13
8	28	24	50	23	7	0	28	18	38	49	11	39	23	55	7	2	49	1	27	16	23	14	22
9	29	24	58	23	19	1	9	19	37	34	12	51	25	21	19 ♋	16	11	0 S.	22	57	23	25	24
10	30	25	5	23	32	1	50	20	36	20	14	3	26	48	1	14	52	0	41	40	23	47	14
11	31	25	13	23	45	2	31	21	35	6	15	14	28	15	13	8	59	1	43	56	24	15	46
12	Apr. 1	25	21	23	58	3	11	22	33	42	16	26	29	50	24	56	27	2	41	17	24	46	34
13	2	25	28	24	11	3	51	23	32	18	17	37	♈ 1	25	♌ 6	49	10	3	32	13	25	15	39
14	3	25	36	24	25	4	31	24	30	55	18	48	3	0	18	41	12	4	13	54	25	38	30
15	4	25	43	24	38	5	11	25	29	31	19	59	4	35	♍ 0	55	48	4	45	3	25	52	6
16	5	25	51	24	51	5	51	26	28	7	21	11	6	11	13	16	20	5 D.	3	10	25	52	31
17	6	25	59	25	4	6	31	27	26	34	22	22	7	54	26	1	9	5	6	50	25	38	9
18	7	26	7	25	17	7	12	28	25	0	23	34	9	38	♎ 9	9	40	4	54	40	25	9	33
19	8	26	14	25	31	7	52	29	23	27	24	46	11	21	22 ♏	32	48	4	26	27	24	28	15
20	9	26	22	25	44	8	39	♉ 0	21	53	25	57	13	5	6	26	20	3	41	53	23	42	38
21	10	26	30	25	57	9	13	1	20	20	27	9	14	48	20	32	10	2	43	27	23	2	39
22	11	26	38	26	10	9	53	2	18	37	28	21	16	41	♐ 4	45	14	1	34	15	22	35	18
23	12	26	45	26	24	10	33	3	16	54	29	33	18	34	19 ♑	2	57	0 M.	18	33	22	27	9
24	13	26	53	26	37	11	14	4	15	12	♈ 0	44	20	27	3	13	40	0	58	10	22	38	11
25	14	27	0	26	50	11	54	5	13	29	1	56	22	20	17 ♒	25	10	2	12	8	23	4	50
26	15	27	8	27	3	12	34	6	11	46	3	8	24	13	1	33	22	3	17	1	23	40	34
27	16	27	15	27	16	13	14	7	9	55	4	20	26	14	15	43	14	4	10	29	24	17	32
28	17	27	23	27	30	13	54	8	8	4	5	32	28	16	29	35	12	4	47	52	24	47	47
29	18	27	30	27	43	14	34	9	6	12	6	44	♉ 0	17	♓ 12	58	28	5 A.	7	43	25	5	46
30	19	27	38	27	57	15	14	10	4	21	7	56	2	18	27	1	17	5	10	26	25	7	53

LATITUDO

Apr.	Mar.	Superiorum M. A. G.	M.	M. A. G.	M.	M. D. G.	M.	Inferiorum M. D. G.	M.	M. D. G.	M.
1	21	2	19	0	43	0	56	0	45	2	6
6	26	2	18	0	42	1	2	0	58	2	25
11	31	2	18	0	41	1	9	1	12	2	32
16	5	2	18	0	40	1	16	1	22	2	27
21	10	2	18	0	40	1	24	1	31	2 A.	8
26	15	2	18	0	39	1	32	1	37	1	37

Aprilis Aspectus Lunæ cum Planetis.

Dies.	Dierum Solemnitates.	♄ Occid.	♃ Occid.	♂ Orien.	☉ H. M.	♀ Orien.	☿ Orien.	Aspectus Planetarum Mutui.
1								
2	S. Franciscus de Paula Confess.	.	✱	✱		☌	☌	
3	S. Joseph Sponsus B. Mariæ.				23 ● 22			
4	S. Ambrosius Ep. & Ec. Doct.	☌						
5	S. Joachim Pater B. Mariæ.			□				
E. 6	*Misericordia*, S. Petrus Mart.		☌			✱		
7	S. Benedictus Abbas.						✱	
8				△				✱ ♃ ☿.
9	S. Maria Ægyptia.					□		
10		✱			✱		□	☽ ☊
11	S. Leon Papa & Eccl. Doctor.							
12			✱		18 ☽ 43	△		
E. 13	*Jubilate*, S. Hermenegildus M.	□		☍			△	☽ Apog. ad 19°. 2'. ♋.
14	SS. Tiburtius & Valerianus M.	△	□		△			
15								
16		Orien.	△					☌ ♄ ☉. ✱ ♂ ☿.
17	S. Anicetus Papa & Martyr.					☍		
18				△				
19							☍	
E. 20	*Cantate*.	☍			12 ○ 34			✱ ♃ ♀.
21				□				
22	Inventio S. Dionysii.		☍			△		
23	S. Georgius Martyr.			✱				
24		△				□	△	☽ ☋
25	S. Marcus Evangelista, *abstin.*				△			
26	SS. Cletus & Marcellinus P. & M.	□	△				□	
E. 27	*Vocem jucunditatis*.			☌	8 ☾ 25	✱		☽. Perigæum ad ♑
28	S. Vitalis Martyr. } *Rogat. & abstin.*	✱	□				✱	☌ ♄ ☿.
29	S. Petrus Martyr. }				✱			
30	S. Catharina Senensis. }		✱			☌		

Emersiones primi Satellitis Jovis.

Dies.	H.	M.	S.	Dies.	H.	M.	S.	Dies.	H.	M.	S.
2	6	54	25	12	21	50	20	23	12	45	26
4	1	23	46	14	16	19	31	25	7	14	31
5	19	53	7	16	10	48	49	27	1	43	55
7	14	22	25	18	5	17	43	28	20	12	35
9	8	51	46	19	23	47	10	30	14	41	37
11	3	21	3	21	18	16	20				

Maii Motus Diurnus Planetarum, Anno 1704.

Gregor. Mai.	Julian. Apr.	♄ ♈ G.	M.	♃ ♉ G.	M.	♂ ♒ G.	M.	☉ ♉ G.	M.	S.	♀ ♈ G.	M.	☿ ♉ G.	M.	☾ ♈ G.	M.	S.	Lat. ☾ M. A. G.	M.	S.	☊ ☾ ♊ G.	M.	S.
1	20	27	45	28	10	15	54	11	1	30	9	7	4	19	10	34	41	4	54	48	24	52	6
2	21	27	53	28	24	16	34	12	0	30	10	20	6	28	13 ♉	56	39	4	24	8	24	21	50
3	22	28	0	28	38	17	14	12	58	29	11	32	8	36	7	5	34	3	39	27	23	41	34
4	23	28	8	28	53	17	50	13	56	29	12	44	10	44	19 ♊	58	33	2	44	47	22	59	51
5	24	28	15	29	7	18	34	14	54	28	13	56	12	52	2	41	21	1	42	28	22	23	10
6	25	28	23	29	21	19	14	15	52	28	15	8	15	0	15	8	1	0 S.	36	35	21	56	55
7	26	28	30	29	35	19	53	16	50	24	16	20	17	12	27 ♋	12	15	0	29	35	21	44	18
8	27	28	38	29	49	20	32	17	48	14	17	32	19	23	9	5	59	1	35	31	21	45	12
9	28	28	45	0 ♊	3	21	12	18	46	6	18	44	21	34	20 ♌	59	18	2	34	9	21	58	20
10	29	28	53	0	17	21	51	19	43	59	19	56	23	46	2	48	36	3	27	21	22	20	27
11	30	29	0	0	31	22	30	20	41	52	21	8	25	57	14	39	7	4	11	17	22	45	21
12	Maii 1	29	7	0	45	23	9	21	39	38	22	21	28	5	26 ♍	34	50	4	46	14	23	18	30
13	2	29	14	0	59	23	48	22	37	24	23	33	0 ♊	13	8	49	39	5	8	11	23	46	39
14	3	29	22	1	14	24	28	23	35	9	24	45	2	21	21 ♎	17	52	5 D.	16	6	24	7	45
15	4	29	29	1	28	25	7	24	32	55	25	57	4	29	3	55	19	5	9	2	24	18	25
16	5	29	36	1	42	25	46	25	30	41	27	10	6	37	17	9	46	4	45	0	24	15	59
17	6	29	43	1	56	26	27	26	28	21	28	22	8	36	0 ♏	48	17	4	4	13	23	53	25
18	7	29	51	2	10	27	3	27	26	1	29 ♉	34	10	34	14	51	28	3	8	13	23	16	42
19	8	29	56	2	24	27	42	28	23	41	0	46	12	32	29 ♐	14	13	1	59	27	22	30	49
20	9	0 ♉	4	2	38	28	20	29	21	21	1	59	14	31	13	50	9	0 M.	41	54	21	46	26
21	10	0	13	2	52	28	59	0 ♊	19	1	3	11	16	29	28 ♑	36	34	0	39	26	21	12	57
22	11	0	20	3	6	29 ♓	37	1	16	35	4	24	18	14	13	17	25	1	58	5	20	58	20
23	12	0	26	3	10	0	15	2	14	10	5	36	19	59	27 ♒	51	8	3	8	46	21	4	2
24	13	0	33	3	34	0	54	3	11	44	6	48	21	44	12	10	24	4	6	36	21	26	20
25	14	0	39	3	48	1	32	4	9	19	8	1	23	29	26 ♓	32	11	4	49	11	21	59	47
26	15	0	46	4	2	2	10	5	6	53	9	13	25	24	10	24	11	5 A.	13	2	22	35	26
27	16	0	53	4	16	2	48	6	4	21	10	26	26	42	24 ♈	0	49	5	18	38	23	6	38
28	17	0	59	4	30	3	25	7	1	48	11	38	28	10	7	28	12	5	6	27	23	28	2
29	18	1	6	4	44	4	3	7	59	16	12	51	29 ♋	39	10 ♉	42	27	4	37	47	23	35	42
30	19	1	13	4	58	4	41	8	56	44	14	3	1	7	3	40	21	3	55	15	23	27	42
31	20	1	19	5	12	5	18	9	54	11	15	16	2	36	16	18	2	3	2	29	23	5	40

LATITUDO

Mai.	Apr.	Superiorum M. A. G.	M.	M. A. G.	M.	M. D. G.	M.	Inferiorum M. D. G.	M.	M. A. G.	M.
1	20	2	18	0	39	1	40	1	41	0	57
6	25	2	19	0	38	1	48	1	44	0 S.	5
11	30	2	19	0	37	1	57	1 A.	44	0	47
16	Maii 5	2	19	0	37	2	5	1	43	1	31
21	10	2	20	0	37	2	14	1	40	2 D.	0
26	15	2	20	0	37	2	14	1	35	2	21

Maii Aspectus Lunæ cum Planetis.

	Dies.	Dierum Solemnitates.	♄ Orien.	♃ Occid.	♂ Orien.	☉ H. M.	♀ Orien.	☿ Orien.	Aspectus Planetarum Mutui.
	1	*Ascensio Domini.*			✳				
	2	SS. Jacob. & Philipp. Apost.	☌						
	3	Inventio sanctæ Crucis.			□	11 ● 51		☌	
E.	4	*Exaudi.* S. Monica Vidua.		☌					
	5								
	6	S. Joannes ante Portam Lat.			△		✳		☽ ☊.
	7	S. Stanislaus Episc. & Martyr.	✳					Occid.	☌ ☉ ☿.
	8	Appar. S. Michaëlis Archang.				✳	□		□ ♂ ☿.
	9	S. Gregorius Nazian. Ep. & C.	□	✳				✳	☽ Apog. ad 22°. 22'. ♋.
	10	*Vigilia cum jejunio.*							
E.	11	*PENTECOSTES.*			☍	13 ☽ 14	△		
	12	SS. Nereus & Achilleus Mart.	△	□				□	
	13								☌ ♃ ☿. ✳ ♂ ♀.
	14	*Quatuor temp.* S. Bonifacius M.		△		△			
	15							△	
	16	*Quat. temp.* S. Ubaldus E. & C.	☍		△		☍		□ ♂ ☉.
	17	*Quatuor tempora.*							☌ ♄ ♀.
E.	18	*Dominica SS. Trinitatis.*				22 ○ 30			
	19	S. Petrus Cælestinus Pap. & C.		☍	□				
	20	S. Bernardinus Confessor.						☍	☽ ☋.
	21		△		✳		△		
	22	*Festum Corporis Christi.*							✳ ♄ ♂.
	23		□	△		△	□		☽ Perig. ad ♑.
	24	SS. Donatian. & Rogatian. M.		Orien.				△	☌ ♃ ☉.
E.	25	S. Maria Mag. de Pazzis Virg.	✳	□	☌	14 ☾ 10	✳		
	26	S. Philippus Confessor.							
	27	S. Joannes Papa & Martyr.		✳				□	
	28	S. Germanus Episcopus.				✳			
	29	*Octava Festi Corporis Christi.*	☌					✳	✳ ♄ ☿.
	30	S. Felix Papa & Martyr.			✳		☌		□ ♃ ♂.
	31	S. Petronilla Virgo.							

Emersiones primi Satellitis Jovis.

Dies.	H.	M.	S.	Dies.	H.	M.	S.	Dies.	H.	M.	S.
2	9	10	36	13	0	3	40	24	12	15	0
4	3	39	33	14	18	32	22	☌ ♃ ☉.			
5	22	8	26	16	23	3	0	Immersiones.			
7	16	37	17								
9	11	6	8								
11	5	34	54								

Junii Motus Diurnus Planetarum, Anno 1704.

Gregor. Jun.	Julian. Mai.	♄ ♉ G.	M.	♃ ♊ G.	M.	♂ ♓ G.	M.	☉ ♊ G.	M.	S.	♀ ♉ G.	M.	☿ ♋ G.	M.	☾ ♉ G.	M.	S.	Lat. ☾ M. A. G.	M.	S.	☊ ☾ ♊ G.	M.	S.
1	21	1	26	5	26	5	56	10	51	39	16	28	4	4	28 ♊	48	41	2	1	53	22	32	6
2	22	1	32	5	40	6	33	11	49	3	17	41	5	15	11	12	9	0 S.	56	3	21	53	9
3	23	1	39	5	54	7	10	12	46	27	18	54	6	25	23 ♋	27	14	0	11	39	21	15	11
4	24	1	45	6	7	7	48	13	43	50	20	6	7	36	5	32	43	1	17	55	20	43	24
5	25	1	52	6	21	8	25	14	41	14	21	19	8	47	17	25	37	2	19	53	20	23	34
6	26	1	58	6	35	9	2	15	38	38	22	32	9	58	29 ♌	12	45	3	15	49	20	13	11
7	27	2	3	6	49	9	38	16	35	58	23	44	10	51	11	3	26	4	3	40	20	16	27
8	28	2	9	7	3	10	14	17	33	18	24	57	11	44	22 ♍	53	38	4	41	15	20	31	8
9	29	2	15	7	17	10	51	18	30	38	26	10	12	38	4	53	5	5	5	31	20	54	32
10	30	2	20	7	31	11	27	19	27	58	27	22	13	31	17	5	22	5 D.	19	36	21	23	57
11	31	2	26	7	45	12	3	20	25	18	28	35	14	24	29 ♎	29	23	5	17	8	21	53	37
12	Junius. 1	2	32	7	59	12	38	21	22	34	29 ♊	48	14	58	12	15	9	4	59	15	22	21	35
13	2	2	38	8	13	13	14	22	19	51	1	1	15	32	25 ♏	17	59	4	25	24	22	40	11
14	3	2	45	8	27	13	49	23	17	7	2	13	16	6	8	54	30	3	35	49	22	45	50
15	4	2	51	8	41	14	25	24	14	24	3	26	16	40	23 ♐	1	18	2	31	33	22	33	31
16	5	2	57	8	55	15	0	25	11	40	4	39	17	13	7	30	12	1	16	20	22	2	46
17	6	3	3	9	8	15	35	26	8	54	5	52	17	43	22 ♑	20	54	0 M.	5	30	21	18	30
18	7	3	8	9	22	16	9	27	6	9	7	5	18	4	7	23	12	1	27	53	20	31	28
19	8	3	14	9	35	16	44	28	3	23	8	18	18	15	22 ♒	30	52	2	45	37	19	52	24
20	9	3	19	9	49	17	18	29	0	38	9	31	18 ℞.	19	7	25	28	3	49	36	19	30	20
21	10	3	25	10	2	17	53	29 ♋	57	52	10	43	18	18	22 ♓	11	19	4	38	42	19	30	34
22	11	3	30	10	15	18	26	0	55	5	11	56	18	17	6	36	33	5 A.	9	2	19	48	17
23	12	3	35	10	29	19	0	1	52	18	13	10	18	14	20 ♈	42	56	5	19	45	20	17	46
24	13	3	40	10	42	19	33	2	49	32	14	23	18	5	4	21	19	5	11	43	20	51	47
25	14	3	45	10	56	20	7	3	46	45	15	36	17	50	17 ♉	42	17	4	46	26	21	22	58
26	15	3	50	11	9	20	40	4	43	58	16	49	17	31	0	45	44	4	6	49	21	48	52
27	16	3	55	11	22	21	12	5	41	10	18	2	17	2	13	27	13	3	15	57	22	0	57
28	17	4	0	11	36	21	44	6	38	22	19	15	16	33	25 ♊	56	24	2	20	7	22	2	0
29	18	4	4	11	49	22	17	7	35	35	20	28	16	3	8	11	5	1	12	19	21	47	46
30	19	4	9	12	3	22	49	8	32	47	21	41	15	34	20	16	18	0	5	50	21	21	44

LATITUDO

Jun.	Mai.	Superiorum M. A. G.	M.	M. A. G.	M.	M. D. G.	M.	Inferiorum M. A. G.	M.	S. D. G.	M.
1	21	2	21	0	37	2	34	1	26	1	57
6	26	2	22	0	36	2	45	1	18	1	25
11	31	2	23	0	35	2	56	1	9	0	36
16	Jun. 5	2	24	0	35	3	5	0	58	0 M.	31
21	10	2	25	0	35	3	15	0	47	1	46
26	15	2	26	0	34	3	25	0	41	3	4

Junii Aſpectus Lunæ cum Planetis.

Dies		Dierum Solemnitates.	♄ Orien.	♃ Orien.	♂ Orien.	⊙ H. M.	♀ Orien.	☿ Occid.	Aſpectus Planetarum Mutui.
E.	1			☌	□				
	2	S. Marcellinus Martyr.				1 ● 18			☽ ☊. Eclipſis ⊙.
	3	S. Clotildis Regina Franciæ.	✱						
	4				△			☌	△ ♂ ☿.
	5						✱		
	6	S. Norbertus Epiſc. & Confeſſ.	□	✱					☽ Apog. ad 25°.49'.♋.
	7					✱			
E.	8	S. Medardus Epiſcopus.	△				□		
	9	SS. Primus & Felicianus Mart.		□	☍			✱	
	10	S. Landericus Epiſcopus.				5 ☽ 0			
	11	S. Barnabas Apoſtolus.		△			△		
	12	S. Baſilides Martyr.				△		□	
	13	S. Antonius de Padua Confeſſ.	☍						
	14	S. Baſilius Magn. Ep. & Ec. Do.			△			△	
E.	15	SS. Vitus & Modeſtus Mart.					☍		
	16	SS. Cyricus & Julitta Mart.		☍	□				☽ ☋.
	17	S. Avitus Abbas.	△			6 ○ 28			Eclipſis ☾.
	18	SS. Marcus & Marcellianus M.			✱			☍	
	19	SS. Gervaſius & Protaſius Mart.	□						☽ Perigæum ad ♑.
	20	S. Silverius Papa & Martyr.		△			△		☌ ♃ ♀. △ ♂ ☿.
	21	S. Leufridus Abbas.				△			
E.	22	S. Paulinus Epiſcopus & Conf.	✱	□	☌		□	△	
	23	*Vigilia cum jejunio.*				21 ☾ 6			
	24	*Nativ. S. Joannis Baptiſtæ.*		✱			✱		✱ ♄ ⊙.
	25							□	
	26	SS. Joannes & Paulus Mart.	☌			✱			
	27				✱			✱	
	28	*Vigilia cum jejunio.*							
E.	29	*SS. Petrus & Paulus Apoſt.*		☌					☽ ☊.
	30	S. Martialis Epiſcopus.			□		☌		

Immerſiones primi Satellitis Jovis.

Dies.	H.	M.	S.	Dies.	H.	M.	S.	Dies.	H.	M.	S.
3	3	37	42	13	18	27	25	24	9	16	37
4	22	6	2	15	12	55	49	26	3	44	52
6	16	34	21	17	7	23	52	27	22	13	4
8	11	2	36	19	1	52	5	29	16	41	17
10	5	30	53	20	20	20	15				
11	23	59	9	22	14	48	25				

Julii Motus Diurnus Planetarum, Anno 1704.

Gregor. Juli.	Julian. Jun.	♄ ♉ G.	M.	♃ ♊ G.	M.	♂ ♓ G.	M.	☉ ♋ G.	M.	S.	♀ ♊ G.	M.	☿ ♋ G.	M.	☾ ♋ G.	M.	S.	Lat. ☾ S. A. G.	M.	S.	☊ ☾ ♊ G.	M.	S.
1	20	4	14	12	16	23	21	9	29	59	22	54	15 ℞.	5	2	13	48	1	0	2	20	47	36
2	21	4	18	12	28	23	51	10	27	12	24	7	14	28	14	10	50	2	3	1	20	10	1
3	22	4	23	12	41	24	22	11	24	24	25	21	13	50	26	2	15	3	0	14	19	34	23
4	23	4	27	12	54	24	52	12	21	37	26	34	13	12	♌ 7	55	7	3	49	14	19	9	50
5	24	4	32	13	7	25	23	13	18	49	27	47	12	34	19	43	43	4	29	40	18	49	51
6	25	4	36	13	20	25	53	14	16	2	29	0	11	57	♍ 1	25	19	4	57	55	18	41	26
7	26	4	40	13	32	26	22	15	13	16	♋ 0	14	11	27	13	38	30	5 D.	14	11	18	47	50
8	27	4	44	13	45	26	51	16	10	29	1	27	10	57	25	52	1	5	15	52	19	5	55
9	28	4	48	13	58	27	20	17	7	43	2	40	10	28	♎ 8	11	13	5	3	17	19	32	17
10	29	4	52	14	11	27	49	18	4	56	3	54	9	58	20	53	26	4	35	21	20	3	43
11	30	4	56	14	24	28	18	19	2	10	5	7	9	29	♏ 3	57	31	3	45	38	20	35	25
12	Julius 1	4	59	14	36	28	44	19	59	25	6	21	9	9	17	24	39	2	55	27	21	0	54
13	2	5	3	14	49	29	10	20	56	39	7	34	8	54	♐ 1	25	50	1	45	14	21	14	45
14	3	5	6	15	1	29	36	21	53	54	8	48	8	44	15	51	44	0 M.	28	36	21	9	56
15	4	5	10	15	13	♈ 0	2	22	51	8	10	1	8 Di.	35	♑ 0	36	43	0	51	58	20	46	22
16	5	5	13	15	26	0	28	23	48	23	11	14	8	38	15	42	19	2	10	47	20	5	32
17	6	5	16	15	38	0	54	24	45	41	12	28	8	54	♒ 0	59	25	3	21	25	19	17	18
18	7	5	19	15	51	1	20	25	42	59	13	42	9	10	16	12	29	4	16	54	18	33	47
19	8	5	23	16	3	1	45	26	40	16	14	55	9	27	♓ 1	12	18	4	54	34	18	5	57
20	9	5	26	16	15	2	11	27	37	34	16	9	9	43	15	57	27	5 A.	12	4	17	58	7
21	10	5	29	16	28	2	37	28	34	52	17	22	9	59	♈ 0	22	21	5	9	9	18	9	55
22	11	5	32	16	39	2	59	29	32	13	18	36	10	29	14	3	36	4	48	13	18	34	4
23	12	5	34	16	50	3	22	♌ 0	29	35	19	50	11	8	27	23	48	4	11	43	19	5	45
24	13	5	37	17	2	3	44	1	26	56	21	4	11	53	♉ 10	26	7	3	22	40	19	38	26
25	14	5	39	17	13	4	6	2	24	18	22	17	12	45	23	1	59	2	25	5	20	6	27
26	15	5	42	17	24	4	29	3	21	39	23	31	13	48	♊ 5	15	46	1	22	42	20	25	6
27	16	5	44	17	36	4	49	4	19	5	24	45	15	4	17	28	21	0 S.	16	46	20	32	51
28	17	5	46	17	47	5	9	5	16	30	25	59	16	21	29	25	2	0	48	10	20	27	16
29	18	5	48	17	58	5	29	6	13	56	27	12	17	37	♋ 11	14	38	1	49	56	20	9	33
30	19	5	50	18	10	5	48	7	11	22	28	26	18	54	23	4	21	2	46	51	19	40	54
31	20	5	52	18	21	6	8	8	8	47	29	40	20	11	♌ 4	48	36	3	36	10	19	6	1

LATITUDO

Juli.	Jun.	Superiorum M. A. G.	M.	M. A. G.	M.	M. D. G.	M.	Inferiorum M. A. G.	M.	M. D. G.	M.
1	20	2	27	0	34	3	36	0	23	4	9
6	25	2	28	0	34	3	46	0 S.	10	4	45
11	30	2	29	0	34	3 A.	57	0	2	4 A.	41
16	5	2	30	0	34	4	7	0	14	4	3
21	10	2	31	0	33	4	17	0	26	3	0
26	15	2	32	0	33	4	27	0	37	1	46

Julii Aspectus Lunæ cum Planetis.

Dies.	Dierum Solemnitates.	♄ Orien.	♃ Orien.	♂ Orien.	☉ H. M.	♀ Orien.	☿ Occid.	Aspectus Planetarum Mutui.
1	S. Theobaldus Confessor.	✶			16 ● 51			□ ♂ ♀.
2	Visitatio Beatæ Mariæ.						☌	
3		□		△				☽ Apog. ad 29°.10'. ♋.
4	Translatio S. Martini Episcopi.		✶					☌ ☉ ☿.
5							Orien.	
E. 6		△				✶	✶	
7			□		✶			
8				☍		□		
9			△		18 ☽ 33		□	
10	SS. Septem Fratres Martyres.							✶ ♄ ♀.
11	S. Pius Papa & Martyr.	☍				△	△	
12	S. Joannes Gualbertus Abbas.			△	△			
E. 13	S. Anacletus Papa & Martyr.							
14	S. Bonaventura Episc. & Conf.		☍					☌ ♀ ☿. ☽ ☋.
15	S. Henricus Imperat. & Conf.	△		□		☍	☍	
16					13 ○ 33			
17	S. Alexius Confessor.	□		✶				☽ Perig. ad ♑.
18	S. Arnulfus Martyr.		△					
19		✶					△	
E. 20	S. Margareta Virgo & Martyr.		□		△	△		
21	S. Victor Martyr.			☌			□	
22	S. Maria Magdalena.		✶					
23	S. Apollinaris Episc. & Mart.	☌			6 ☾ 9			
24	S. Christina Virgo & Martyr.						✶	
25	S. Jac. Apost. S. Christ. Mart.					✶		
26	S. Anna mater B. Mariæ.			✶	✶			
E. 27	S. Pantaleo Martyr.		☌					△ ♂ ☉. ☽ ☊.
28	S. Victor Papa & Martyr.	✶		□				□ ♄ ☉.
29	S. Martha Hospita Christi.						☌	
30	SS. Abdon & Sennen Mart.					☌		
31	S. Ignatius Confessor.	□		△	6 ● 44			☽ Apog. ad 2°. 30' ♌.

Immersiones primi Satellitis Jovis.

Dies.	H.	M.	S.	Dies.	H.	M.	S.	Dies.	H.	M.	S.
1	11	9	30	12	1	59	3	22	16	49	17
3	5	37	44	13	20	27	21	24	11	17	43
5	0	5	58	15	14	55	42	26	5	46	11
6	18	34	11	17	9	24	4	28	0	14	39
8	13	2	31	19	3	52	27	29	18	43	9
10	7	30	43	20	22	20	54	31	13	11	43

Augusti Motus Diurnus Planetarum, Anno 1704.

Gregor. Aug.	Julian. Juli.	♄		♃		♂		☉			♀		☿		☽			Lat. ☽			☊ ☽		
		♉		♊		♈		♌			♌		♋		♌			S. A.			♊		
Dies.		G.	M.	G.	M.	G.	M.	G.	M.	S.	G.	M.	G.	M.	G.	M.	S.	G.	M.	S.	G.	M.	S.
1	21	5	54	18	32	6	28	9	6	13	0	54	21	27	16	52	31	4	17	21	18	27	27
2	22	5	56	18	44	6	44	10	3	45	2	8	23	9	28 ♍	43	39	4	46	48	17	52	31
3	23	5	57	18	55	7	0	11	1	16	3	22	24	51	10	40	3	5 D.	4	5	17	26	23
4	24	5	59	19	6	7	17	11	58	48	4	36	26	33	22 ♎	48	29	5	8	13	17	11	12
5	25	6	0	19	18	7	33	12	56	19	5	50	28	15	5	4	57	4	58	16	17	9	35
6	26	6	2	19	29	7	49	13	53	51	7	4	29 ♌	57	17 ♏	33	11	4	34	4	17	21	15
7	27	6	3	19	39	8	2	14	51	28	8	18	1	54	0	10	12	3	55	54	17	43	58
8	28	6	4	19	49	8	15	15	49	6	9	32	3	50	13	16	29	3	3	52	18	15	29
9	29	6	5	20	0	8	27	16	46	43	10	46	5	47	26 ♐	24	56	2	2	16	18	49	24
10	30	6	6	20	10	8	40	17	44	21	12	0	7	43	10	19	46	0 M.	49	58	19	20	47
11	31	6	7	20	20	8	53	18	41	58	13	14	9	40	24 ♑	31	41	0	26	34	19	41	35
12	Augustus. 1	6	7	20	30	9	2	19	39	41	14	28	11	41	9	10	6	1	43	13	19	45	6
13	2	6	8	20	40	9	11	20	37	23	15	43	13	43	24 ♒	4	12	2	53	39	19	27	42
14	3	6	8	20	51	9	21	21	35	6	16	57	15	45	9	12	28	3	53	4	18	51	4
15	4	6	9	21	1	9	30	22	32	48	18	11	17	46	24 ♓	29	48	4	36	27	18	3	46
16	5	6	9	21	11	9	39	23	30	31	19	25	19	48	9	38	41	5	0	19	17	16	45
17	6	6	9	21	20	9	44	24	28	21	20	40	21	48	24 ♈	29	45	5 A.	3	2	16	42	14
18	7	6	9	21	28	9	49	25	26	10	21	54	23	48	8	55	48	4	47	2	16	26	43
19	8	℞. 6	9	21	37	9	55	26	24	0	23	8	25	48	22 ♉	55	6	4	13	29	16	29	38
20	9	6	9	21	45	10	0	27	21	49	24	22	27	48	6	22	15	3	26	40	16	48	3
21	10	6	9	21	54	10	5	28	19	39	25	37	29 ♍	48	19 ♊	18	27	2	30	6	17	16	17
22	11	6	8	22	3	10	7	29 ♍	17	35	26	51	1	43	1	49	56	1	26	55	17	31	29
23	12	6	7	22	11	10	8	0	15	30	28	6	3	38	14	7	25	0 S.	23	12	18	16	45
24	13	6	7	22	20	10	9	1	13	26	29 ♍	20	5	34	26 ♋	2	43	0	40	33	18	42	43
25	14	6	6	22	29	10 ℞.	10	2	11	21	0	34	7	29	8	8	17	1	43	14	18	58	33
26	15	6	5	22	37	10	10	3	9	17	1	49	9	24	19 ♌	58	41	2	39	53	19	2	16
27	16	6	4	22	45	10	6	4	7	22	3	3	11	11	1	48	5	3	29	22	18	53	31
28	17	6	3	22	53	10	2	5	5	27	4	18	12	59	12	38	33	4	6	43	18	34	15
29	18	6	2	23	1	9	58	6	3	33	5	32	14	46	25 ♍	36	23	4	39	17	17	58	36
30	19	6	0	23	9	9	53	7	1	38	6	46	16	33	7	43	14	4 D.	57	14	17	22	35
31	20	5	59	23	17	9	49	7	59	43	8	1	18	20	19	55	55	5	1	58	16	43	8

LATITUDO

Aug.	Juli.	Superiorum M. A.		M. A.		M. A.		Inferiorum. S. A.		M. A.	
Dies.		G.	M.	G.	M.	G.	M.	G.	M.	G.	M.
1	21	2	34	0	33	4	39	0	49	0 S.	19
6	26	2	35	0	33	4	48	0	59	0	41
11	31	2	36	0	33	4	56	1	7	1	22
16	Aug. 5	2	38	0	33	5	3	1	13	1 D.	42
21	10	2	39	0	33	5	9	1	18	1	43
26	15	2	40	0	33	5	13	1	22	1	28

Augusti Aspectus Lunæ cum Planetis.

Dies.		Dierum Solemnitates.	♄ Orien.	♃ Orien.	♂ Orien.	☉ H. M.	♀ Orien.	☿ Orien.	Aspectus Planetarum Mutui.
	1	S. Petrus ad Vincula.		✱					
	2	S. Stephanus Papa & Martyr.	△						
E.	3	Inv. S. Stephani Protomartyris.		□					
	4	S. Dominicus Confessor.						✱	□ ♄ ♀.
	5	S. Maria ad Nives.			☍	✱	✱		
	6	Transfiguratio Domini.		△					△ ♂ ♀.
	7	S. Donatus Episc. & Martyr.	☍				□	□	
	8	S. Justinus Martyr.				5 ☽ 1			
	9	*Vigilia cum jejunio.*							□ ♄ ☿.
E.	10	*S. Laurentius Martyr.*		☍	△	△	△	△	△ ♂ ☿. ☽ ☋.
	11	S. Susanna Virgo & Martyr.							
	12	S. Clara Virgo.	△		□				
	13	S. Hippolytus Martyr.							✱ ♃ ☉.
	14	*Vigilia cum jejunio.*	□	△	✱	20 ○ 48	☍	☍	☽ Perigæum ad ♒.
	15	*Assumptio B. Mariæ Virginis.*							
	16	S. Hyacinthus Confessor.	✱	□					☌ ♀ ☿.
E.	17								✱ ♃ ☿.
	18	S. Agapitus Martyr.			☌				✱ ♃ ♀.
	19			✱		△	△	△	☌ ☉ ♀.
	20	S. Bernardus Abbas & Ec. Doct.	☌					Occid.	
	21					18 ☾ 42	□		
	22	S. Symphorianus Martyr.			✱			□	
	23	SS. Timoth. & Apollinaris M.		☌					☽ ♌.
E.	24	*S. Bartholomæus Apostolus.*				✱	✱	✱	△ ♄ ☿.
	25	*S. Ludovicus Rex Franciæ.*	✱		□				
	26	S. Zephyrinus Papa & Mart.							
	27	SS. Georgius & Aurelius Mart.	□						☽ Apog. ad 5°. 31'. ♌.
	28	S. Augustin. Ep. Conf. & Ec. D.			△				△ ♄ ☉. △ ♄ ♀.
	29	Decol. S. Joannis Baptistæ.		✱		21 ● 57			
	30	SS. Felix & Audactus Mart.	△				☌		☌ ☉ ♀.
E.	31	S. Raymundus Nonnatus Conf.		□			Occid.	☌	

Immersiones primi Satellitis Jovis.

Dies.	H.	M.	S.	Dies.	H.	M.	S.	Dies.	H.	M.	S.
2	7	40	19	12	22	32	27	23	13	24	31
4	2	8	49	14	17	1	13	25	7	54	24
5	20	37	36	16	11	30	5	27	2	23	17
7	15	6	11	18	5	58	53	28	20	52	15
9	9	34	56	20	0	27	45	30	15	21	27
11	4	3	41	21	18	56	38				

Septembris Motus Diurnus Planetarum, Anno 1704.

Gregor. Sept.	Julian. Aug.	♄ ♉		♃ ♊		♂ ♈		☉ ♍			♀ ♍		☿ ♍		☾ ♎			Lat. ☾ S. D.			☊ ☾ ♊		
Dies.		G.	M.	G.	M.	G.	M.	G.	M.	S.	G.	M.	G.	M.	G.	M.	S.	G.	M.	S.	G.	M.	S.
1	21	5 ℞	58	23	25	9 ℞	45	8	57	48	9	15	20	8	2	11	5	4	52	43	16	8	46
2	22	5	56	23	33	9	37	9	56	3	10	30	21	48	14	36	8	4	29	25	15	44	56
3	23	5	54	23	41	9	29	10	54	18	11	44	23	28	27 ♏	8	31	3	53	15	15	34	31
4	24	5	53	23	49	9	21	11	52	32	12	59	25	8	9	58	56	3	4	3	15	39	8
5	25	5	51	23	57	9	13	12	50	47	14	13	26	49	23 ♐	5	27	2	3	38	15	58	34
6	26	5	49	24	5	9	5	13	49	2	15	28	28 ♎	29	6	25	37	0 M.	55	59	16	28	50
7	27	5	47	24	12	8	53	14	47	26	16	43	0	2	19 ♑	57	49	0	15	2	17	4	40
8	28	5	45	24	18	8	41	15	45	50	17	57	1	36	3	58	39	1	28	1	17	39	59
9	29	5	42	24	25	8	29	16	44	14	19	12	3	9	18 ♒	25	4	2	39	21	18	6	45
10	30	5	40	24	31	8	17	17	42	38	20	27	4	42	2	46	15	3	38	22	18	16	47
11	31	5	38	24	37	8	5	18	41	2	21	41	6	26	17 ♓	45	58	4	24	48	18	6	36
12	Septemb. 1	5	35	24	43	7	50	19	39	35	22	56	7	55	2	49	56	4 A.	53	12	17	35	20
13	2	5	33	24	48	7	35	20	38	9	24	10	9	25	17 ♈	58	46	5	1	28	16	50	17
14	3	5	30	24	53	7	19	21	36	42	25	25	10	55	2	36	17	4	50	14	16	5	50
15	4	5	28	24	59	7	4	22	35	16	26	40	12	25	17 ♉	2	11	4	19	39	15	22	2
16	5	5	25	25	4	6	49	23	33	49	27	54	13	55	1	1	45	3	34	20	14	56	7
17	6	5	22	25	9	6	32	24	32	32	29 ♎	9	15	19	14	32	8	2	38	11	14	50	50
18	7	5	19	25	15	6	15	25	31	15	0	24	16	43	27 ♊	30	21	1	35	20	15	0	52
19	8	5	15	25	20	5	58	26	29	59	1	38	18	7	10	3	9	0 S.	29	41	15	22	26
20	9	5	12	25	25	5	41	27	28	42	2	53	19	32	22 ♋	23	26	0	36	30	15	51	38
21	10	5	9	25	30	5	24	28	27	25	4	8	20	56	4	30	6	1	39	43	16	23	23
22	11	5	5	25	34	5	6	29 ♎	26	19	5	23	22	14	16	26	14	2	37	41	16	52	54
23	12	5	2	25	37	4	48	0	25	13	6	37	23	33	28 ♌	16	51	3	27	57	17	16	4
24	13	4	58	25	41	4	30	1	24	6	7	52	24	51	10	8	26	4	9	19	17	29	41
25	14	4	55	25	44	4	12	2	23	0	9	7	26	10	22 ♍	1	56	4	39	34	17	30	35
26	15	4	51	25	48	3	54	3	21	54	10	21	27	28	3	59	10	4	58	1	17	17	13
27	16	4	47	25	51	3	36	4	20	57	11	36	28	39	16	13	28	5 D.	3	22	16	52	29
28	17	4	43	25	55	3	18	5	20	0	12	51	29 ♏	50	28 ♎	43	10	4	54	45	16	16	25
29	18	4	40	25	58	3	1	6	19	4	14	6	1	1	11	19	35	4	31	49	15	34	35
30	19	4	36	26	2	2	43	7	18	7	15	21	2	12	24	4	21	3	55	5	14	53	13

LATITUDO

Sept.	Aug.	Superiorum M. A.		M. A.		M. A.		Inferiorum S. A.		S. D.	
Dies.		G.	M.	G.	M.	G.	M.	G.	M.	G.	M.
1	21	2	42	0	32	5	14	1 D.	24	0	59
6	26	2	43	0	32	5	13	1	24	0 M.	27
11	31	2	44	0	32	5	7	1	23	0	9
16	Sept. 5	2	45	0	32	4	59	1	20	0	47
21	10	2	46	0	32	4	47	1	15	1	24
26	15	2	47	0	32	4	31	1	9	2	0

Septembris Aspectus Lunæ cum Planetis.

Dies.	Dierum Solemnitates.	♄ Orien.	♃ Orien.	♂ Orien.	☉ H. M.	♀ Occid.	☿ Occid.	Aspectus Planetarum Mutui.
1	S. Ægidius Abbas.			☍				
2	S. Lazarus à Christo suscitatus.		△					□ ♃ ☿.
3		☍						
4	S. Marcellus Martyr.				✶	✶		
5							✶	
6				△	14 ☽ 7	□		☽ ☋.
E. 7	S. Clodoaldus Presb. & Conf.		☍					
8	*Nat. B. Mariæ. Virginis.*	△		□			□	
9	S. Gorgonius Martyr.				△	△		
10	S. Nicolaus de Tolentino Conf.	□		✶			△	☽ Perig. ad ♒.
11	SS. Prot. & Hyacinthus Mart.		△					
12		✶						☍ ♂ ☿.
13			□		4 ○ 40	☍		□ ♃ ♀.
E. 14	*Exaltatio S. Crucis.*			☌			☍	
15	S. Nicomedes Martyr.		✶					
16	S. Euphemia Virgo & Martyr.	☌						
17	Stigm. S. Francisci. 4. *Temp.*							□ ♃ ☉.
18					△	△		
19	S. Januarius Ep. & M. } 4. *Temp.*			✶			△	☽ ☊.
20	S. Eustachius Mart. }		☌		10 ☾ 57			
E. 21	*S. Matthæus Apost. & Evang.*	✶		□		□		☍ ♂ ♀.
22	S. Mauritius Martyr.						□	
23	S. Linus Papa & Martyr.	□		△	✶	✶		[38'. ♌.
24	S. Felix Martyr.							△ ♃ ☿. ☽ Apog. ad 8°.
25	S. Firminus Episcopus & Mart.		✶				✶	
26	S. Cyprianus Martyr.	△		Occid.				☍ ♂ ☉.
27	SS. Cosmas & Damianus Mart.		□					
E. 28				☍	13 ● 40			
29	*S. Michaël Archangelus.*					☌		
30	S. Hieronymus Presb. & Ec. D.		△					

Immersiones primi Satellitis Jovis.

Dies.	H.	M.	S.	Dies.	H.	M.	S.	Dies.	H.	M.	S.
1	9	50	5	12	0	44	27	22	15	38	56
3	4	19	13	13	19	13	23	24	10	7	59
4	22	47	43	15	13	42	36	26	4	37	1
6	17	17	15	17	8	11	49	27	23	6	2
8	11	46	20	19	2	40	47	29	17	35	5
10	6	15	25	20	21	9	53				

Octobris Motus Diurnus Planetarum, Anno 1704.

Oct. Gregor.	Sept. Julian.	♄ ♉		♃ ♊		♂ ♈		☉ ♎			♀ ♎		☿ ♏		☾ ♏			Lat. ☾ S. D.			☊ ☾ ♊		
Dies.		G.	M.	G.	M.	G.	M.	G.	M.	S.	G.	M.	G.	M.	G.	M.	S.	G.	M.	S.	G.	M.	S.
1	20	4 ℞.	32	26	5	2 ℞.	25	8	17	10	16	36	3	23	6	53	59	3	6	20	14	19	5
2	21	4	28	26	8	2	9	9	16	25	17	51	4	23	20	♐ 3	8	2	5	49	14	1	51
3	22	4	23	26	10	1	53	10	15	40	19	5	5	24	3	10	23	0 M.	59	12	14	0	51
4	23	4	19	26	12	1	36	11	14	54	20	20	6	24	16	45	52	0	13	58	14	14	51
5	24	4	14	26	14	1	20	12	14	9	21	35	7	24	0 ♑	25	20	1	16	34	14	43	26
6	25	4	10	26	16	1	4	13	13	24	22	50	8	25	14	15	36	2	35	21	15	20	8
7	26	4	6	26	17	0	50	14	12	48	24	5	9	20	28 ♒	31	26	3	36	29	15	58	43
8	27	4	1	26	18	0	37	15	12	12	25	20	10	10	12	47	32	4	22	27	16	29	3
9	28	3	57	26	19	0	23	16	11	37	26	34	10	55	27 ♓	13	40	4	54	35	16	45	31
10	29	3	52	26	20	0	9	17	11	1	27	49	11	35	11	49	6	5 A.	6	59	16	41	50
11	30	3	48	26	21	29 ♓	56	18	10	25	29 ♏	4	12	9	26 ♈	26	52	4	59	26	16	17	37
12	Octob. 1	3	43	26	22	29	46	19	9	59	0	19	12	39	10	57	23	4	33	0	15	37	16
13	2	3	39	26	22	29	35	20	9	33	1	34	13	4	25 ♉	8	15	3	50	20	14	50	42
14	3	3	34	26 ℞.	22	29	25	21	9	7	2	48	13	24	8	57	52	2	54	50	14	4	49
15	4	3	30	26	22	29	14	22	8	41	4	3	13	39	22	23	14	1	50	47	13	32	6
16	5	3	25	26	22	29	4	23	8	15	5	18	13 ℞.	47	5 ♊	22	21	0	42	42	13	15	38
17	6	3	20	26	22	28	57	24	8	0	6	33	13	43	17	56	31	0 S.	20	22	13	15	14
18	7	3	15	26	21	28	50	25	7	45	7	48	13	34	29 ♋	54	59	1	29	56	13	28	11
19	8	3	11	26	20	28	43	26	7	30	9	3	13	19	12	23	30	2	32	7	13	53	0
20	9	3	6	26	19	28	36	27	7	15	10	17	12	49	24 ♌	20	6	3	26	6	14	23	18
21	10	3	1	26	18	28	29	28	7	0	11	32	12	9	6	11	26	4	9	58	14	55	18
22	11	2	56	26	17	28	27	29 ♏	6	55	12	47	11	8	18 ♍	5	0	4	43	12	15	24	43
23	12	2	51	26	15	28	25	0	6	50	14	2	10	7	0	3	44	5	4	6	15	47	15
24	13	2	47	26	13	28	22	1	6	44	15	17	9	5	12	12	13	5 D.	11	46	15	58	46
25	14	2	42	26	11	28	20	2	6	39	16	32	8	4	24 ♎	22	14	5	5	23	15	56	38
26	15	2	37	26	9	28 Di.	18	3	6	34	17	47	7	3	6	58	33	4	44	28	15	39	28
27	16	2	32	26	6	28	19	4	6	39	19	3	5	50	19 ♏	50	42	4	9	1	15	7	35
28	17	2	27	26	3	28	20	5	6	43	20	20	4	38	2	53	30	3	20	14	14	25	51
29	18	2	22	26	0	28	22	6	6	48	21	36	3	26	16	13	33	2	19	36	13	39	29
30	19	2	17	25	57	28	23	7	6	52	22	53	2	13	29	47	16	1 M.	9	40	12	58	40
31	20	2	12	25	54	28	24	8	6	57	24	10	1	1	13 ♐	33	24	0	5	27	12	32	0

LATITUDO

Oct.	Sept.	Superiorum M. A.		M. A.		M. A.		Inferiorum S. D		M. D.	
Dies.		G.	M.	G.	M.	G.	M.	G.	M.	G.	M.
1	20	2	48	0	32	4	11	1	2	2	32
6	25	2	49	0	32	3	50	0	53	2 A.	57
11	30	2	49	0	32	3	27	0	43	3	11
16	Oct. 5	2	49	0	32	3	8	0	33	3	6
21	10	2	49	0	32	2	41	0	23	2	28
26	15	2	49	0	32	2	20	0	9	1	9

Octobris Aspectus Lunæ cum Planetis.

Dies.	Dierum Solemnitates.	♄ Orien.	♃ Orien.	♂ Occid.	☉ H. M.	♀ Occid.	☿ Occid.	Aspectus Planetarum Mutui.
1	S. Remigius Episc. & Confess.	☍					☌	☍ ♄ ☿.
2	SS. Angeli custodes.							
3				△	✱			☽ ☋.
4	S. Franciscus Confessor.		☍			✱		
E. 5	SS. Placidus & socii Martyres.	△		□	22 ☽ 4		✱	
6	S. Bruno Confessor.					□		
7	S. Marcus Papa & Martyr.	□		✱				☽ Perigæum ad ♒.
8	S. Birgitta Vidua.				△		□	
9	*S. Dionysius Episc. & Mart.*	✱	△			△		△ ♃ ♀.
10							△	
11			□	☌				
E. 12					14 ○ 59			
13	S. Eduardus Confessor.	☌	✱			☍		
14	S. Callistus Papa & Martyr.						☍	☍ ♄ ♀.
15	S. Theresia Virgo.			✱				
16								☽ ☊.
17	S. Cerbonius Episcopus.		☌		△			
18	S. Lucas Evangelista.	✱		□		△		
E. 19	S. Petrus de Alcantara Confess.						△	△ ♃ ☉.
20				△	6 ☾ 9			
21	S. Ursula Virgo & Martyr.	□				□	□	☌ ♀ ☿.
22	S. Mellonus Episcopus.		✱					☽ Apog. ad 11°. 45′. ♌.
23		△			✱		✱	
24	S. Maglorius Episcopus.					✱		
25	SS. Crispinus & Crispinian. M.	Occid.	□	☍				☍ ♄ ☉.
E. 26	S. Evaristus Papa & Martyr.							
27	*Vigilia cum jejunio.*		△					
28	*SS. Simon & Judas Apostoli.*	☍			4 ● 34		Ori. ☌	☌ ☉ ☿.
29						☌		
30	S. Lucanus Martyr.			△				
31	*Vigilia cum jejunio.*							☽ ☋.

Immersiones primi Satellitis Jovis.

Dies.	H.	M.	S.	Dies.	H.	M.	S.	Dies.	H.	M.	S.
1	12	4	8	12	2	58	0	22	17	50	50
3	6	33	8	13	21	26	52	24	12	19	31
5	1	2	11	15	15	55	42	26	6	48	10
6	19	31	11	17	10	24	30	28	1	16	47
8	14	0	13	19	4	53	18	29	19	45	24
10	8	29	7	20	23	22	7	31	14	13	57

Novembris Motus Diurnus Planetarum, Anno 1704.

Gregor. Nov.	Julian. Oct.	♄ ♉ G.	M.	♃ ♊ G.	M.	♂ ♓ G.	M.	☉ ♏ G.	M.	S.	♀ ♏ G.	M.	☿ ♎ G.	M.	☾ ♐ G.	M.	S.	Lat. ☾ M. D. G.	M.	S.	☊ ☾ ♊ G.	M.	S.
Dies.																							
1	21	2 ℞.	7	25 ℞.	48	28	25	9	7	1	25	26	29 ℞.	49	27 ♑	19	26	1	20	40	12	22	10
2	22	2	2	25	45	28	32	10	7	17	26	39	29	5	11	13	3	2	31	59	12	32	14
3	23	1	58	25	42	28	39	11	7	33	27	52	28	29	25 ♒	20	22	3	35	22	12	56	18
4	24	1	53	25	39	28	45	12	7	48	29 ♐	5	28	0	9	26	43	4	25	20	13	35	52
5	25	1	49	25	35	28	52	13	8	4	0	18	27	43	23 ♓	39	46	4 A.	59	27	14	15	43
6	26	1	44	25	31	28	59	14	8	20	1	31	27 Di.	38	7	50	57	5	15	1	14	49	51
7	27	1	39	25	26	29	7	15	8	44	2	45	27	45	21 ♈	57	55	5	11	34	15	10	47
8	28	1	35	25	21	29	14	16	9	9	4	0	28	1	5	55	53	4	49	40	15	13	39
9	29	1	30	25	16	29	22	17	9	33	5	15	28	26	19 ♉	56	41	4	10	34	14	56	54
10	30	1	26	25	10	29	29	18	9	58	6	29	29	1	3	44	56	3	17	27	14	22	39
11	31	1	21	25	5	29	37	19	10	22	7	44	29 ♏	51	17 ♊	17	10	2	14	10	13	38	37
12	Nov. 1	1	17	25	0	29 ♈	52	20	10	55	8	59	0	55	0	24	17	1	5	25	12	52	38
13	2	1	12	24	54	0	7	21	11	27	10	14	2	0	13	17	2	0 S.	5	39	12	13	25
14	3	1	8	24	49	0	22	22	12	0	11	29	3	4	25	54	2	1	15	9	11	46	50
15	4	1	3	24	44	0	37	23	12	32	12	43	4	8	8 ♋	4	3	2	18	57	11	35	26
16	5	0	59	24	39	0	52	24	13	5	13	58	5	12	20	7	46	3	16	9	11	38	29
17	6	0	55	24	32	1	8	25	13	46	15	13	6	33	2 ♌	6	0	4	4	21	11	52	40
18	7	0	51	24	25	1	24	26	14	27	16	28	7	54	14	0	16	4	41	29	12	20	48
19	8	0	46	24	18	1	39	27	15	8	17	43	9	15	25 ♍	50	36	5	6	33	12	53	17
20	9	0	42	24	12	1	55	28	15	49	18	58	10	37	7	53	45	5	18	16	13	35	28
21	10	0	38	24	5	2	12	29 ♐	16	30	20	12	11	58	19 ♎	59	12	5 D.	16	22	13	55	11
22	11	0	34	23	58	2	29	0	17	18	21	27	13	26	2	43	50	4	59	19	14	17	21
23	12	0	31	23	52	2	48	1	18	6	22	42	14	55	14	58	36	4	28	30	14	25	32
24	13	0	27	23	45	3	6	2	18	54	23	57	16	23	27 ♏	59	17	3	42	47	14	17	39
25	14	0	24	23	38	3	25	3	19	42	25	12	17	51	11	7	59	2	45	0	13	54	4
26	15	0	20	23	31	3	43	4	20	30	26	26	19	20	24 ♐	52	52	1	35	21	13	14	8
27	16	0	17	23	24	4	4	5	21	25	27	41	20	52	8	44	0	0 M.	19	32	12	26	10
28	17	0	13	23	16	4	24	6	22	19	28 ♑	56	22	25	22 ♑	54	52	0	59	27	11	38	28
29	18	0	10	23	9	4	45	7	23	14	0	11	23	57	7	15	40	2	15	43	11	1	26
30	19	0	6	23	1	5	5	8	24	8	1	25	25	29	21	45	33	3	24	5	10	45	56

LATITUDO

Nov.	Oct.	Superiorum M. A. G.	M.	M. A. G.	M.	M. A. G.	M.	Inferiorum M. D. G.	M.	S. A. G.	M.
Dies.											
1	21	2	49	0	31	1	56	0	6	0	50
6	26	2	48	0	31	1	35	0	18	1	56
11	31	2	48	0	30	1	16	0	31	2 D.	19
16	Nov. 5	2	47	0	30	1	0	0	43	2	11
21	10	2	46	0	29	0	45	0	55	1	47
26	15	2	45	0	29	0	31	1	6	1	15

Novembris Aſpectus Lunæ cum Planetis.

Dies.	Dierum Solemnitates.	♄ Occid.	♃ Orien.	♂ Occid.	☉ H. M.	♀ Occid.	☿ Orien.	Aſpectus Planetarum Mutui.
1	*Feſtum omnium Sanctorum.*	△	☍	□			⚹	
E. 2	*S. Marcellus Epiſcopus.*				⚹			
3	*Comm. fidelium Defunctorum.*	□		⚹		⚹	□	△ ♂ ♀.
4	S. Carolus Epiſcopus & Conf.				4 ☽ 52			
5		⚹	△			□	△	☽ Perig. ad ♒.
6					△			
7			□	☌				
8	SS. Quatuor coronati Mart.					△		
E. 9	S. Theodorus Martyr.		⚹				☍	
10		☌						
11	*S. Martinus Epiſc. & Confeſſ.*				3 ○ 43			
12	S. Martinus Papa & Martyr.			⚹		☍		☍ ♄ ☿.
13	S. Didacus Confeſſor.		☌					☾ ♌.
14		⚹		□			△	
15	S. Eugenius Martyr.							
E. 16					△			
17	S. Gregorius Epiſc. & Confeſſ.	□		△			□	
18	S. Auda Virgo.		⚹			△		☽ Apog. ad 14°.46′ ♌.
19	S. Eliſabeth vidua.	△			3 ☾ 5			
20							⚹	
21	Præſentatio B. Mariæ Virginis.		□			□		
22	S. Cæcilia Virgo & Martyr.			☍	⚹			
E. 23	S. Clemens Papa & Martyr.		△			⚹		☍ ♃ ♀.
24	S. Chryſogonus Martyr.	☍						△ ♂ ☉.
25	S. Catharina Virgo & Martyr.						☌	
26	S. Petrus Alexandrin. Ep. & C.			△	17 ● 42			Eclipſis ☉.
27	SS. Vitalis & Agricola Mart.							☽ ☋.
28		△	☍	□		☌		△ ♄ ♀.
29	*Vigilia cum jejunio.*							
E. 30	*Adventus Domini.*	□					⚹	

Immerſiones primi Satellitis Jovis.

Dies.	H.	M.	S.	Dies.	H.	M.	S.	Dies.	H.	M.	S.
2	8	42	29	12	23	32	52	23	14	21	39
4	3	10	59	14	18	1	5	25	8	49	25
5	21	39	27	16	12	29	20	27	3	17	38
7	16	7	50	18	6	58	28	28	21	45	32
9	10	36	12	20	1	25	36	30	16	13	34
11	5	4	33	21	19	53	39				

Decembris Motus Diurnus Planetarum, Anno 1704.

Gregor. Dec.	Julian. Nov.	♄ ♉ G.	M.	♃ ♊ G.	M.	♂ ♈ G.	M.	☉ ♐ G.	M.	S.	♀ ♑ G.	M.	☿ ♏ G.	M.	☾ ♒ G.	M.	S.	Lat. ☾ M. D. G.	M.	S.	☊ ☾ ♊ G.	M.	S.
Dies.																							
1	20	0 ℞.	3	22 ℞.	54	5	26	9	25	3	2	40	27	2	6	28	53	4	22	1	10	50	58
2	21	0 ♈	0	22	46	5	49	10	26	2	3	55	28 ♐	33	20 ♓	26	28	4	57	43	11	13	47
3	22	29	57	22	38	6	12	11	27	1	5	9	0	3	4	37	57	5 A.	17	39	11	49	28
4	23	29	54	22	30	6	35	12	28	1	6	24	1	34	18 ♈	59	33	5	18	6	12	30	29
5	24	29	51	22	22	6	58	13	29	0	7	39	3	5	2	46	20	4	59	57	13	6	23
6	25	29	48	22	14	7	21	14	29	59	8	54	4	35	16 ♉	36	58	4	24	15	13	32	2
7	26	29	46	22	6	7	46	15	31	3	10	8	6	9	0	3	23	3	35	13	13	40	39
8	27	29	43	21	58	8	11	16	32	7	11	23	7	42	13	21	15	2	34	45	13	31	27
9	28	29	41	21	50	8	35	17	33	10	12	38	9	16	26	18	37	1	28	2	13	5	36
10	29	29	38	21	42	9	0	18	34	14	13	53	10	49	9 ♊	5	45	0 S.	17	45	12	27	25
11	30	29	36	21	34	9	25	19	35	18	15	7	12	23	21 ♋	41	27	0	52	18	11	43	19
12	Decemb. 1	29	34	21	26	9	52	20	36	25	16	22	13	56	4	7	8	1	58	59	11	0	13
13	2	29	32	21	18	10	19	21	37	32	17	37	15	30	16	20	43	2	59	11	10	25	36
14	3	29	30	21	10	10	46	22	38	40	18	51	17	4	28 ♌	20	7	3	54	12	10	3	54
15	4	29	28	21	2	11	13	22	39	47	20	6	18	38	10	8	37	4	30	35	9	56	9
16	5	29	26	20	54	11	40	24	40	54	21	20	20	11	22	2	31	4	59	42	10	2	16
17	6	29	25	20	46	12	7	25	42	4	22	35	21	46	3 ♍	56	26	5 D.	16	0	10	1	2
18	7	29	23	20	38	12	34	26	43	14	23	49	23	20	15	51	29	5	18	40	10	48	54
19	8	29	22	20	30	13	1	27	44	23	25	3	24	54	27 ♎	59	28	5	7	16	11	22	6
20	9	29	20	20	22	13	28	28	45	33	26	18	26	29	10	20	16	4	41	19	11	56	25
21	10	29	19	20	14	13	55	29 ♑	46	43	27	32	28	3	22 ♏	57	33	4	1	39	12	26	3
22	11	29	18	20	6	14	24	0	47	55	28 ♒	47	29 ♑	39	5	47	43	3	9	15	12	44	55
23	12	29	17	19	59	14	53	1	49	17	0	1	1	15	19 ♐	4	14	2	5	8	12	48	37
24	13	29	17	19	52	15	21	2	50	18	1	16	2	51	2	49	56	0 M.	51	55	12	34	3
25	14	29	16	19	44	15	50	3	51	30	2	30	4	27	16 ♑	59	23	0	26	25	11	59	57
26	15	29	15	19	37	16	19	4	52	42	3	45	6	3	1	27	40	1	44	41	11	11	52
27	16	29	15	19	30	16	49	5	53	54	4	59	7	41	16 ♒	12	19	2	57	23	10	19	54
28	17	29	15	19	22	17	19	6	55	5	6	13	9	48	1	9	37	3	58	57	9	36	25
29	18	29 Di.	15	19	15	17	49	7	56	17	7	27	10	56	16 ♓	0	40	4	44	3	9	12	51
30	19	29	15	19	7	18	19	8	57	29	8	42	12	34	0	44	58	5 A.	9	56	9	10	7
31	20	29	15	19	0	18	49	9	58	40	9	56	14	11	15	14	36	5	15	33	9	28	23

LATITUDO

Dec.	Nov.	Superiorum M. A. G.	M.	M. A. G.	M.	M. A. G.	M.	Inferiorum M. D. G.	M.	S. D. G.	M.
Dies.											
1	20	2	44	0	28	0	19	1	16	0	39
6	25	2	43	0	28	0 S.	8	1	25	0 M.	5
11	30	2	42	0	27	0	2	1	32	0	28
16	Dec. 5	2	40	0	26	0	11	1	38	0	58
21	10	2	39	0	26	0	20	1 A.	42	1	24
26	15	2	37	0	25	0	27	1	45	1	45

Decembris Aſpectus Lunæ cum Planetis.

Dies.	DIERUM SOLEMNITATES.	♄ Occid.	♃ Orien.	♂ Occid.	☉ H. M.	♀ Occid.	☿ Orien.	Aſpectus Planetarum Mutui.
1	S. Eligius Epiſcopus.			✱				
2	*S. Andreas Apoſtolus.*	✱	△				□	☽ Perig. ad ♒.
3	S. Franciſcus Xaverius Conf.				12 ☽ 16	✱		□ ♂ ☿.
4	S. Barbara Virgo & Martyr.		□					
5	S. Sabbas Abbas.			☌	△	□	△	
6	S. Nicolaus Epiſcopus & Conf.		✱					
E. 7	S. Ambroſius Epiſcopus.	☌				△		
8	*Conceptio Beatæ Mariæ.*							△ ♂ ☿.
9								
10	S. Valeria Virgo & Martyr.			✱	19 ○ 36		☍	☽ ☊. Eclipſis ☾.
11	S. Damaſus Papa & Confeſſ.	✱	☌					
12			Occid.	□				☍ ♃ ☉.
13	S. Lucia Virgo & Martyr.					☍		
E. 14		□						
15	S. Euſebius Epiſcopus & Mart.			△			△	[53'. ♌.
16		△	✱		△			☍ ♃ ☿. ☽ Apog. ad 17°.
17	*Quatuor tempora.*							
18			□		23 ☾ 28	△	□	
19	*Quatuor tempora.*							
20			△	☍				△ ♄ ☉.
E. 21	*S. Thomas Apoſtolus.*	☍			✱	□	✱	
22								□ ♄ ♀. △ ♄ ☿.
23								☌ ☉ ☿.
24	*Vigilia cum jejunio.*					✱	Occid.	☽ ☋.
25	*NATIVITAS CHRISTI.*		☍	△				
26	*S. Stephanus Protomartyr.*	△			5 ● 59		☌	
27	*S. Joannes Apoſt. & Evang.*			□				
E. 28	*SS. Innocentes Martyres.*	□				☌		
29	S. Thomas Epiſc. & Martyr.		△	✱				☽ Perig. ad ♒.
30		✱			✱		✱	
31	S. Sylveſter Papa & Confeſſor.		□					✱ ♃ ♂.

Immerſiones & Emerſiones primi Satellitis Jovis.

Dies.	H.	M.	S.	Dies.	H.	M.	S.	Dies.	H.	M.	S.	Dies.	H.	M.	S.
2	10	41	27	☍ ♃ ☉				18	11	1	43	29	1	48	23
4	5	9	17	12	17	23	0	20	5	29	28	30	20	16	11
5	23	37	5	Emerſiones.				21	23	57	16				
7	18	4	52	13	3	38	17	23	18	24	55				
9	12	32	43	14	22	6	8	25	12	52	45				
11	7	0	32	16	16	33	56	27	7	20	54				

REGIÆ SCIENTIARUM ACADEMIÆ

EPHEMERIDES

JUXTA RECENTISSIMAS OBSERVATIONES

AD MERIDIANUM PARISIENSEM

IN OBSERVATORIO REGIO

AD ANNUM AB INCARNATIONE VERBI MDCCV.

A creatione Mundi 5654.

A correctione Gregoriana 123.

PARISIIS,

Apud JOANNEM BOUDOT, Regis & Regiæ Scientiarum Academiæ Typographum, viâ Jacobæâ, ad Solem Aureum.

M. DCCIII.

CUM PRIVILEGIO REGIS.

9 15 il faut mettre l'aiguille a 4. 4

ANNUS MDCCV.

Solaris anni quantitas, à bruma anni 1704. ad ſequentem brumam, eſt dierum 365. hor. 5. min. 49. ſecund. 29. ſed à verno anni 1704. æquinoctio, ad vernum anni 1705. æquinoctium, eſt dierum 365. hor. 5. min. 49. ſecund. 22.

		G.	M.	S.	
Locus Apogæi Planetarum anno 1705. ineunte.	♄	29	20	8	♐
	♃	10	23	32	♎
	♂	0	39	51	♍
	☉	8	11	36	♋
	♀	7	1	55	♒
	☿	13	10	16	♐
	☽	19	39	50	♌

Aureus Numerus.	15
Cyclus Solaris.	6
Epacta.	4
Indictio Romana.	13
Littera Dominicalis.	D.

FESTA MOBILIA.

Septuageſima.	8. Februarii.
Dies cinerum.	25. Februarii.
Paſcha Reſurrectionis.	12. Aprilis.
Rogationes.	18. Maii.
Aſcenſio Domini.	21. Maii.
Pentecoſtes.	31. Maii.
Dominica SS. Trinitatis.	7. Junii.
Feſtum Corporis Chriſti.	11. Junii.
Dominicæ poſt Pentecoſtem.	25.
Adventus Domini.	29. Novembris.

QUATUOR ANNI TEMPORA.

Martii.	4	6	7
Junii.	3	5	6
Septembris.	16	18	19
Decembris.	16	18	19

SOLIS ET LUNÆ ECLIPSES

ANNO 1705.

Nullus erit hoc Anno Lunæ defectus: Sol bis deficiet, nempe die Maii 22. & die 16. Novembris; earum verò Eclipsium nulla in horisonte nostro videbitur.

Januarii Motus Diurnus Planetarum, Anno 1705.

Gregor. Jan.	Julian. Dec	♄ ♈		♃ ♊		♂ ♈		☉ ♑			♀ ♒		☿ ♑		☾ ♓			Lat. ☾ M. A.			☊ ☾ ♊		
Dies.		G.	M.	G.	M.	G.	M.	G.	M.	S.	G.	M.	G.	M.	G.	M.	S.	G.	M.	S.	G.	M.	S.
1	21	29 D.	15	18 R.	52	19	19	10	59	50	11	11	15	46	29	35	15	5	0	47	9	54	19
2	22	29	16	18	45	19	50	12	1	2	12	25	17	26	13 ♈	31	33	4	29	10	10	33	54
3	23	29	16	18	38	20	21	13	2	14	13	39	19	5	27	3	41	3	42	23	11	13	7
4	24	29	17	18	31	20	51	14	3	25	14	53	20	44	10 ♉	21	7	2	45	37	11	44	20
5	25	29	17	18	24	21	22	15	4	37	16	7	22	24	23	27	30	1	41	35	12	1	52
6	26	29	18	18	18	21	53	16	5	49	17	21	24	3	6 ♊	5	37	0 S.	32	19	12	2	34
7	27	29	18	18	12	22	24	17	6	58	18	35	25	43	18	29	3	0	33	9	11	46	2
8	28	29	19	18	6	22	56	18	8	8	19	49	27	22	0 ♋	41	40	1	41	26	11	15	22
9	29	29	19	18	1	23	28	19	9	18	21	3	29	1	12	51	26	2	42	16	10	34	42
10	30	29	19	17	55	24	0	20	10	27	22	17	0 ♒	41	24	53	18	3	33	45	9	51	13
11	31	29	20	17	49	24	32	21	11	37	23	31	2	21	6 ♌	50	53	4	16	10	9	11	28
12	Januarius. 1	29	21	17	44	25	5	22	12	44	24	44	4	1	18	41	39	4	47	10	8	40	44
13	2	29	22	17	39	25	38	23	13	52	25	58	5	41	0 ♍	30	53	5 D.	5	55	8	22	51
14	3	29	23	17	34	26	10	24	14	59	27	11	7	21	12	26	15	5	12	7	8	19	24
15	4	29	24	17	29	26	43	25	16	7	28	25	9	2	24	20	22	5	4	3	8	30	31
16	5	29	25	17	24	27	16	26	17	15	29	38	10	42	6 ♎	28	25	4	42	34	8	54	27
17	6	29	27	17	19	27	49	27	18	19	0 ♓	51	12	15	18	45	7	4	8	4	9	27	8
18	7	29	29	17	14	28	23	28	19	23	2	5	13	48	1 ♏	14	42	3	21	8	10	3	21
19	8	29	31	17	10	28	56	29	20	26	3	19	15	20	13	45	27	1	56	34	10	37	10
20	9	29	34	17	6	29	30	0 ♒	21	30	4	31	16	54	27	17	11	1	15	22	11	2	29
21	10	29	37	17	2	0 ♉	3	1	22	34	5	45	18	28	10 ♐	59	19	0 M.	1	56	11	12	54
22	11	29	40	16	58	0	37	2	23	33	6	58	19	43	25	5	54	1	20	1	11	5	35
23	12	29	43	16	54	1	11	3	24	32	8	11	21	0	9 ♑	27	5	2	27	39	10	37	0
24	13	29	46	16	51	1	45	4	25	30	9	25	22	17	24	29	20	3	33	12	9	53	54
25	14	29	48	16	48	2	19	5	26	29	10	38	23	34	9 ♒	36	45	4	22	47	9	3	51
26	15	29	50	16	45	2	53	6	27	28	11	51	24	50	24	49	40	4 A.	56	20	8	17	57
27	16	29	53	16	42	3	26	7	28	22	13	4	25	27	9 ♓	51	44	5	6	4	7	45	15
28	17	29	56	16	40	4	0	8	29	16	14	17	26	4	24	46	26	4	57	47	7	22	35
29	18	29	59	16	38	4	33	9	30	10	15	30	26	41	9 ♈	20	23	4	30	12	7	39	58
30	19	0 ♉	2	16	36	5	6	10	31	5	16	43	27	18	23	27	30	3	49	33	8	4	38
31	20	0	5	16	34	5	40	11	31	59	17	56	27	55	7 ♉	1	1	2	52	53	8	40	18

LATITUDO

Jan	Dec	Superiorum M. A.		M. A.		S. A.		Inferiorum M. A.		M. D.	
Dies.		G.	M.	G.	M.	G.	M.	G.	M.	G.	M.
1	21	2	36	0	24	0	33	1	45	2	1
6	26	2	34	0	23	0	38	1	42	2	5
11	31	2	30	0	22	0	44	1	40	1	57
16	Jan. 5	2	30	0	20	0	49	1	34	1	35
21	10	2	29	0	19	0	53	1	26	0	53
26	15	2	28	0	19	0	55	1	13	0 S.	13

Januarii Aspectus Lunæ cum Planetis.

Dies.	DIERUM SOLEMNITATES.	♄ Occid.	♃ Occid.	♂ Occid.	☉ H. M.	♀ Occid.	☿ Occid.	Aspectus Planetarum Mutui.
1	*Circumcisio Domini.*				21 ☽ 39	✶		
2			✶	☌			□	
3	*S. Genovefa Virgo.*	☌						□ ♂ ☿.
D. 4					△	□	△	
5	S. Telesphorus, Papa & Mart.							
6	*EPIPHANIA DOMINI.*		☌					☽ ☊.
7		✶		✶		△		△ ♃ ♀.
8								
9				□	13 ○ 42			□ ♄ ☿.
10		□					☍	
D. 11	*I. Dominica post Epiphaniam.*		✶					
12		△		△		☍		☽ Apog. ad 19°. 39'. ♌.
13								✶ ♂ ♀.
14	S. Hilarius, Episcopus & Conf.		□					
15	S. Paulus primus Eremita.				△			
16	S. Marcellus Papa & Martyr.		△				△	✶ ♄ ♀.
17	S. Antonius Abbas.	☍		☍	17 ☾ 52			□ ♂ ☉.
D. 18	*II. Dom.* Cathed. S. Petri Rom.					△		
19							□	□ ♄ ☉.
20	SS. Fabianus & Sebastian. Mar.				✶	□		☌ ♄ ♂.
21	S. Agnes Virgo & Martyr.		☍				✶	☽ ☋.
22		△		△		✶		
23	S. Raymundus Confessor.							
24	S. Timotheus Episc. & Mart.	□		□	16 ● 56			
D. 25	*III. Dom.* Convers. S. Pauli Ap.		△					
26	S. Polycarpus Episc. & Mart.	✶		✶			☌	☽ Perigæum ad ♒.
27	S. Joannes Chrys. Ep. & Conf.		□			☌		
28	S. Agnes, secunda.							
29	S. Franciscus Salesii Epis. & C.	☌	✶	☌	✶			
30	S. Martina Virgo & Martyr.						✶	
31	S. Petrus Nolasci. Confessor.				8 ☽ 35	✶		

Emersiones primi Satellitis Jovis.

Dies.	H.	M.	S.	Dies.	H.	M.	S.	Dies.	H.	M.	S.
1	14	44	17	12	5	32	6	22	20	21	18
3	9	12	13	14	0	0	10	24	14	49	26
5	3	40	8	15	18	28	19	26	9	17	57
6	22	7	54	17	12	56	24	28	3	46	27
8	16	36	2	19	7	24	45	29	22	14	58
10	11	4	4	21	1	53	0	31	16	43	28

Februarii Motus Diurnus Planetarum, Anno 1705.

Gregor.	Julian.	♄		♃		♂		☉			♀		☿		☾			Lat. ☾			☊ ☾		
Feb.	Jan.	♉		♊		♉		♒			♓		♒		♉			M. A.			♊		
Dies.		G.	M.	G.	M.	G.	M.	G.	M.	S.	G.	M.	G.	M.	G.	M.	S.	G.	M.	S.	G.	M.	S.
1	21	0	8	16	32	6	13	12	32	53	19	9	28	38	20	17	16	1	44	41	9	18	44
2	22	0	12	16	30	6	48	13	33	40	20	21	28	40	3 ♊	8	46	0 S.	37	16	9	52	44
3	23	0	16	16	28	7	24	14	34	27	21	33	28 ℞.	34	15	38	10	0	29	12	10	16	39
4	24	0	20	16	27	7	59	15	35	13	22	46	28	21	28	1	57	1	34	20	10	26	4
5	25	0	24	16	26	8	35	16	36	0	23	58	28	0	10 ♋	4	49	2	40	29	10	20	2
6	26	0	28	16	25	9	10	17	36	47	25	10	27	29	21	59	32	3	24	31	9	59	1
7	27	0	32	16	25	9	45	18	37	27	26	22	26	49	3 ♌	30	32	4	6	27	9	26	2
8	28	0	36	16	24	10	20	19	38	6	27	34	25	54	15	43	4	4	38	44	8	45	11
9	29	0	40	16	24	10	55	20	38	46	28	45	24	49	27	34	7	4 D.	56	47	8	4	9
10	30	0	44	16 D.	24	11	30	21	39	25	29	57	23	34	9 ♍	22	57	5	7	20	7	25	59
11	31	0	48	16	24	12	5	22	40	5	1 ♈	9	22	15	21	14	58	4	56	41	6	58	23
12	Februarius 1	0	52	16	24	12	40	23	40	37	2	20	20	57	3 ♎	11	50	4	30	37	6	44	37
13	2	0	57	16	25	13	15	24	41	8	3	32	19	39	15	20	54	4	5	10	6	46	6
14	3	1	2	16	26	13	50	25	41	40	4	43	18	25	27	45	8	3	21	28	7	12	17
15	4	1	7	16	27	14	25	26	42	11	5	55	17	15	10 ♏	9	46	2	26	23	7	30	45
16	5	1	12	16	28	15	0	27	42	43	7	6	16	19	22	56	22	1	23	57	8	6	24
17	6	1	16	16	29	15	36	28	43	6	8	17	15	34	6 ♐	7	48	0 M.	13	42	8	43	30
18	7	1	21	16	31	16	12	29	43	29	9	28	14	56	19	34	34	0	56	44	9	14	42
19	8	1	26	16	33	16	47	0 ♓	43	53	10	38	14	26	3 ♑	32	12	2	6	45	9	32	52
20	9	1	31	16	35	17	23	1	44	16	11	49	13	56	17	57	41	3	12	46	9	33	0
21	10	1	36	16	37	17	59	2	44	39	13	0	13	27	2 ♒	42	54	4	6	1	9	12	48
22	11	1	41	16	39	18	35	3	44	53	14	10	13	8	17	45	6	4	43	7	8	35	25
23	12	1	46	16	42	19	11	4	45	7	15	21	13 D.	1	2 ♓	59	7	5 A.	0	8	7	51	16
24	13	1	52	16	45	19	46	5	45	20	16	31	13	10	18	14	17	4	56	21	6	59	29
25	14	1	57	16	48	20	22	6	45	34	17	42	13	21	3 ♈	16	39	4	32	2	6	21	36
26	15	2	3	16	51	20	58	7	45	48	18	52	13	32	18	0	5	3	49	48	6	1	52
27	16	2	8	16	54	21	32	8	45	54	20	2	13	53	2 ♉	23	1	2	53	33	6	0	42
28	17	2	14	16	58	22	7	9	46	1	21	11	14	17	16	3	48	1	48	6	6	7	46

LATITUDO

Feb	Jan.	Superiorum M. A.		M. A.		S. A.		Inferiorum M. A.		S. A.	
Dies.		G.	M.	G.	M.	G.	M.	G.	M.	G.	M.
1	21	2	26	0	18	0	57	1	2	1	45
6	26	2	25	0	18	1	3	0	49	3	3
11	31	2	24	0	16	1	8	0	34	3	38
16	Feb. 5	2	22	0	15	1	10	0	19	3	22
21	10	2	21	0	15	1	12	0 S.	5	2	27
26	15	2	20	0	14	1	12	0	21	1	22

Dies.	Dierum Solemnitates.	♄ Occid.	♃ Occid.	♂ Occid.	☉ H. M.	♀ Occid.	☿ Occid.	Aspectus Planetarum Mutui.
D. 1	*IV. Dom.* S. Ignatius Martyr.						□	
2	*Purificatio B. Mariæ Virginis.*				△			☽ ☊.
3	S. Blasius Episcopus & Martyr.		☌			□		
4	S. Andreas Corsinus Ep. & C.	⚹		⚹			△	
5	S. Agatha Virgo & Martyr.							△ ♃ ○.
6	S. Dorothea Virgo & Martyr.	□				△		
7	S. Romualdus Abbas.			□				
D. 8	*Septuagesima.*		⚹		8 ○ 48		☍	☽ Apog. ad 23°. 7'. 3. ♌.
9	S. Apollonia Virgo & Martyr.	△						
10			□	△				
11						☍		☌ ☉ ☿.
12								
13			△		△		△	
14		☍						
D. 15	*Sexagesima.*			☍			□	
16					9 ☾ 24			△ ♃ ☿.
17			☍			△	⚹	□ ♂ ☿. ☽ ☋.
18		△			⚹			
19				△		□		
20		□						⚹ ♄ ☉.
21			△			⚹	☌	⚹ ♀ ☿.
D. 22	*Quinquag.* Cath. S. Petri Ant.	⚹		□				☽ Perig. ad ♒.
23	*Vigilia.*		□		2 ● 54			
24	*S. Matthia Apostolus.*			⚹				⚹ ♃ ♀.
25	*Dies Cinerum.*		⚹				⚹	
26						☌		
27		☌			⚹			
28				☌			□	

Emersiones primi Satellitis Jovis.

Dies.	H.	M.	S.	Dies.	H.	M.	S.	Dies.	H.	M.	S.
2	11	12	15	13	2	4	33	23	16	58	32
4	5	40	43	14	20	33	26	25	11	27	38
6	0	9	28	16	15	2	24	27	5	56	48
7	18	38	5	18	9	31	22				
9	13	6	53	20	4	0	24				
11	7	35	41	21	22	30	24				

Martii Motus Diurnus Planetarum, Anno 1705.

Gregor. Mar	Julian. Feb	♄ ♉ G.	M.	♃ ♊ G.	M.	♂ ♉ G.	M.	☉ ♓ G.	M.	S.	♀ ♈ G.	M.	☿ ♒ G.	M.	☾ ♉ G.	M.	S.	Lat. ☾ M. A. G.	M.	S	☊ ☾ ♊ G.	M.	S.
1	18	2	20	17	2	22	42	10	46	7	22	21	14	46	29	24	48	0	42	0	6	47	28
2	19	2	26	17	6	23	18	11	46	6	23	30	15	19	12 ♊	16	27	0 S.	27	15	7	22	53
3	20	2	31	17	10	23	54	12	46	6	24	39	15	56	24 ♋	44	27	1	32	34	7	57	39
4	21	2	37	17	14	24	31	13	46	5	25	48	16	36	6	58	2	2	31	57	8	26	29
5	22	2	43	17	18	25	7	14	46	5	26	57	17	23	19 ♌	3	26	3	24	30	8	43	39
6	23	2	49	17	22	25	43	15	46	4	28	6	18	17	0	56	27	4	5	52	8	48	8
7	24	2	55	17	27	26	19	16	45	53	29 ♉	15	19	13	12	44	23	4	36	57	8	36	54
8	25	3	1	17	32	26	56	17	45	43	0	24	20	11	24	29	49	4	55	44	8	11	11
9	26	3	7	17	37	27	32	18	45	32	1	32	21	10	6 ♍	20	39	5 D.	2	21	7	38	32
10	27	3	14	17	42	28	9	19	45	22	2	41	22	11	18	16	21	4	56	0	6	57	9
11	28	3	20	17	47	28	45	20	45	11	3	50	23	15	0 ♎	17	28	4	36	10	6	16	46
12	Martii 1	3	26	17	53	29	22	21	44	50	4	58	24	20	12	24	31	4	3	58	5	42	9
13	2	3	33	17	59	29	58	22	44	29	6	6	25	29	25 ♏	13	57	2	51	20	5	12	8
14	3	3	39	18	5	0 ♊	35	23	44	9	7	13	26	40	7	2	39	2	26	9	5	10	36
15	4	3	46	18	11	1	11	24	43	48	8	21	27	52	19 ♐	37	1	1	25	15	5	17	49
16	5	3	52	18	18	1	48	25	43	27	9	29	29 ♓	7	2	32	27	0 M.	16	36	5	41	16
17	6	3	59	18	25	2	25	26	42	56	10	36	0	22	15	46	20	0	52	53	6	12	56
18	7	4	6	18	32	3	2	27	42	25	11	42	1	40	29 ♑	5	31	2	1	20	6	50	47
19	8	4	12	18	39	3	39	28	41	55	12	49	3	0	12	55	52	3	4	31	7	26	17
20	9	4	19	18	46	4	16	29 ♈	41	24	13	55	4	22	27 ♒	16	24	3	59	28	7	50	21
21	10	4	26	18	53	4	53	0	40	53	15	2	5	46	11	32	17	4	39	18	7	58	19
22	11	4	33	19	0	5	30	1	40	12	16	8	7	12	26 ♓	18	5	5 A.	1	20	7	47	36
23	12	4	40	19	7	6	6	2	39	31	17	14	8	39	11	15	17	5	3	17	7	15	18
24	13	4	47	19	14	6	43	3	38	50	18	19	10	7	26 ♈	22	17	4	43	55	6	30	48
25	14	4	54	19	21	7	19	4	38	9	19	25	11	37	11	17	47	4	5	41	5	43	10
26	15	5	1	19	28	7	56	5	37	28	20	31	13	7	26 ♉	2	21	3	11	35	5	2	48
27	16	5	8	19	36	8	33	6	36	36	21	34	14	39	10	28	46	2 S.	5	28	4	35	8
28	17	5	15	19	44	9	10	7	35	45	22	38	16	12	24 ♊	18	46	0	54	52	4	27	8
29	18	5	23	19	52	9	46	8	34	53	23	42	17	46	7	41	22	0	7	6	4	35	1
30	19	5	30	20	0	10	23	9	34	2	24	45	19	22	20 ♋	34	30	1	25	42	4	57	16
31	20	5	37	20	9	11	0	10	33	10	25	49	20	59	3	5	58	2	28	39	5	27	46

LATITUDO

Mar. Dies.	Feb	Superiorum M. A. G.	M.	M. A. G.	M.	S. A. G.	M.	Inferiorum. S. A. G.	M.	S. D. G.	M.
1	18	2	19	0	13	1	13	0	38	0	44
6	23	2	19	0	13	1	15	0	59	0	14
11	28	2	17	0	12	1	17	1	18	1 M.	1
16	Mart. 5	2	17	0	12	1	18	1	40	1	38
21	10	2	16	0	11	1	19	2	3	2	4
26	15	2	15	0	9	1	20	2	24	2	18

Martii Aſpectus Lunæ cum Planetis.

Dies.	Dierum Solemnitates.	♄ Occid.	♃ Occid.	♂ Occid.	☉ H. M.	♀ Occid.	☿ Orien.	Aſpectus Planetarum Mutui.
D. 1	*Quadrageſima.*				22 ☽ 2			☾ ☊.
2			☌				△	
3		⚹			△	⚹		
4	*Quatuor Temp.* S. Caſimirus.							
5				⚹		□		△ ♃ ☿.
6	*Quatuor Tempora.*	□						
7	S. Thomas de Aquino C. & D.		⚹				☍	[14′. 13′. ☊.
D. 8	*Reminiſcere.*	△		□		△		□ ♃ ☉. ☽ Apog. ad 26°.
9	S. Franciſca Vidua.		□					
10	Quadraginta Martyres.			△	3 ○ 12			
11								☌ ♄ ♀.
12	S. Gregorius Papa & C. Ec. D.		△					
13		☍					△	
14						☍		
D. 15	*Oculi.*			☍	△		□	☽ ☊.
16								
17	S. Patritius Epiſc. & Confeſſ.		☍		21 ☾ 18			
18		△				△	⚹	
19	S. Joſephus Sponſus B. Mariæ.							⚹ ♂ ☿.
20	S. Joachim Pater B. Mariæ.	□		△	⚹			□ ♄ ☿.
21	S. Benedictus Abbas.		△			□		
D. 22	*Lætare.*	⚹		□			☌	☽ Perig. ad ♒.
23			□	⚹		⚹		
24					12 ● 37			
25	*Annuntiatio B. Mariæ Virg.*		⚹					
26		☌						
27						☌	⚹	
28								
D. 29	*Judica.*		☌	☌	⚹		□	
30								□ ♃ ☿.
31		⚹			15 ☽ 46			

Emerſiones primi Satellitis Jovis.

Dies.	H.	M.	S.	Dies.	H.	M.	S.	Dies.	H.	M.	S.
1	0	26	0	11	15	21	20	22	6	17	8
2	18	55	24	13	9	50	46	24	0	46	55
4	13	23	41	15	4	20	19	25	19	16	17
6	7	53	59	16	22	49	23	27	13	45	44
8	2	23	16	18	17	18	45	29	8	15	9
9	20	52	36	20	11	48	9	31	2	44	14

Aprilis Motus Diurnus Planetarum, Anno 1705.

Gregor. Apr.	Julian. Mar.	♄ ♉		♃ ♊		♂ ♊		☉ ♈			♀ ♉		☿ ♓		☾ ♋			Lat. ☾ S. A.			☊ ☾ ♊		
Dies.		G.	M.	G.	M.	G.	M.	G.	M.	S.	G.	M.	G.	M.	G.	M.	S.	G.	M.	S.	G.	M.	S.
1	21	5	44	20	18	11	37	11	32	21	26	53	22	38	15	25	2	3	23	34	6	1	18
2	22	5	53	20	27	12	14	12	31	18	27	54	24	19	27	31	46	4	8	32	6	32	3
3	23	6	2	20	36	12	51	13	30	14	28	55	26	2	♌ 9	23	19	4	41	21	6	55	38
4	24	6	11	20	45	13	27	14	29	11	29	56	27	46	21	12	34	5 D.	13	18	7	8	3
5	25	6	20	20	54	14	4	15	28	7	♊ 0	58	29	32	♍ 3	0	14	5	8	24	7	8	43
6	26	6	29	21	5	14	41	16	27	4	1	59	♈ 1	19	14	51	11	5	4	57	6	54	57
7	27	6	36	21	14	15	18	17	25	50	2	59	3	7	26	49	34	4	45	10	6	27	12
8	28	6	43	21	23	15	55	18	24	36	3	59	4	57	♎ 9	2	43	4	9	45	5	48	13
9	29	6	50	21	32	16	31	19	23	23	4	58	6	49	21	29	44	3	28	26	5	9	26
10	30	6	57	21	41	17	8	20	22	9	5	58	8	42	♏ 3	56	20	2	34	12	4	31	3
11	31	7	4	21	50	17	45	21	20	55	6	58	10	37	16	36	27	1	32	57	3	59	49
12	Aprilis 1	7	12	22	0	18	22	22	19	32	7	56	12	34	29	17	50	0 M.	21	6	3	12	30
13	2	7	19	22	10	18	59	23	18	9	8	54	14	32	♐ 12	29	34	0	48	4	3	40	36
14	3	7	26	22	20	19	36	24	16	45	9	53	16	31	25	49	35	1	58	6	3	56	37
15	4	7	33	22	30	20	13	25	15	22	10	51	18	31	♑ 9	29	11	3	3	41	4	26	55
16	5	7	40	22	40	20	50	26	13	59	11	49	20	32	23	2	30	3	44	42	5	0	7
17	6	7	48	22	50	21	27	27	12	26	12	44	22	34	♒ 7	8	6	4	51	2	5	39	5
18	7	7	55	23	0	22	4	28	10	53	13	39	24	39	21	26	13	5	6	47	6	7	48
19	8	8	3	23	10	22	41	29	9	20	14	34	26	46	♓ 5	46	33	5 A.	13	30	6	22	3
20	9	8	10	23	20	23	18	♉ 0	7	47	15	29	28	55	20	17	53	4	59	48	6	17	17
21	10	8	18	23	30	23	55	1	6	14	16	24	♉ 1	7	♈ 5	12	49	4	40	36	6	5	54
22	11	8	25	23	40	24	32	2	4	32	17	16	3	17	19	37	32	4	3	41	4	55	37
23	12	8	32	23	51	25	9	3	2	50	18	9	5	26	♉ 4	6	1	2	32	58	4	29	29
24	13	8	39	24	2	25	46	4	1	7	19	1	7	34	18	19	0	1	21	2	3	48	45
25	14	8	47	24	13	26	23	4	59	25	19	53	9	41	♊ 2	9	42	0 S.	6	3	3	15	31
26	15	8	54	24	24	27	0	5	57	43	20	46	11	49	15	36	48	0	51	17	2	58	47
27	16	9	2	24	35	27	37	6	55	52	21	35	13	54	28	27	8	2	14	58	2	57	59
28	17	9	9	24	46	28	14	7	54	1	22	24	16	1	♋ 11	7	42	3	10	1	3	11	56
29	18	9	17	24	57	28	51	8	52	10	23	13	18	8	23	25	58	3	50	38	3	36	1
30	19	9	25	25	9	29	28	9	50	19	24	2	20	15	♌ 5	35	7	4	41	37	4	5	53

LATITUDO

Apr	Mar.	Superiorum M. A.		M. A.		S. A.		Inferiorum S. A.		M. D.	
Dies.		G.	M.	G.	M.	G.	M.	G.	M.	G.	M.
1	21	2	14	0	9	1	22	2	48	2	21
6	26	2	14	0	8	1	22	3	6	2 A.	10
11	31	2	14	0	8	1	22	3	22	1	46
16	Apr. 5	2	13	0	7	1	22	3 D.	34	1	11
21	10	2	13	0	6	1	22	3	46	0 S.	25
26	15	2	13	0	6	1	22	3	54	0	28

	Aprilis Aſpectus Lunæ cum Planetis.							Aſpectus Planetarum Mutui.
Dies.	Dierum Solemnitates.	♄ Occid.	♃ Occid.	♂ Occid.	☉ H. M.	♀ Occid.	☿ Orien.	
1						✱	△	✱ ♂ ☉.
2	S. Franciſcus de Paula Confeſſ.	□						
3			✱	✱	△			☽ Ap. ad 27°.41'.27.♌.
4						□		
D. 5	*Dominica Palmarum.*	△		□				
6			□					
7						△	☍	✱ ♀ ☿.
8			△	△	19 ○ 47			
9	*Cœna Domini.*							
10		☍						
11								✱ ♃ ☉.
D. 12	*PASCHA.*					☍		☽ ☊.
13			☍	☍	△		△	
14		△						
15							□	
16					6 ☾ 18			✱ ♂ ☿.
17		□				△		✱ ♃ ☿.
18			△	△	✱		✱	☽ Perig. ad ♒.
D. 19	*Quaſimodo.*	✱				□		
20			□	□				☌ ♃ ♂.
21						✱		☌ ☉ ☿.
22	Inventio S. Dionyſii.		✱	✱	22 ● 28			
23	S. Gregorius Martyr.	☌					☌	
24								☌ ♄ ☿.
25	S. Marcus Evangeliſta, *abſtin.*							☽ ☊.
D. 26	*Miſericordia.*		☌	☌		☌		
27		✱			✱			
28	S. Vitalis Martyr.						✱	
29	S. Petrus Martyr.							☌ ♄ ☉.
30	S. Catharina Senenſis Virgo.	□			8 ☾ 32			

Emerſiones primi Satellitis Jovis.

Dies.	H.	M.	S.	Dies.	H.	M.	S.	Dies.	H.	M.	S.
1	21	13	57	12	12	9	59	23	3	5	16
3	15	43	16	14	6	39	17	24	21	34	22
5	10	12	39	16	1	8	30	26	16	3	28
7	4	42	0	17	19	37	43	28	10	32	32
8	23	11	21	19	14	6	58	30	5	1	38
10	17	40	41	21	8	36	7				

Maii Motus Diurnus Planetarum, Anno 1705.

Gregor. Mai.	Julian. Apr.	♄ ♉ G.	M.	♃ ♊ G.	M.	♂ ♋ G.	M.	☉ ♉ G.	M.	S.	♀ ♊ G.	M.	☿ ♉ G.	M.	☾ ♌ G.	M.	S.	Lat. ☾ S. A. G.	M.	S.	☊ ☾ ♊ G.	M.	S.
1	20	9	32	25	21	0	5	10	48	27	24	51	22	22	17	30	17	5	6	19	4	37	3
2	21	9	39	25	32	0	42	11	46	27	25	33	24	28	29 ♍	21	32	5 D.	17	25	5	4	35
3	22	9	46	25	45	1	19	12	44	28	26	16	26	28	11	21	31	5	12	4	5	38	24
4	23	9	53	25	57	1	57	13	42	28	26	58	28 ♊	23	23 ♎	9	35	4	57	49	5	34	1
5	24	10	0	26	9	2	34	14	40	29	27	41	0	16	5	8	28	4	28	49	5	28	58
6	25	10	7	26	21	3	11	15	38	29	28	23	2	6	17	19	25	4	19	12	5	12	40
7	26	10	16	26	33	3	48	16	36	21	29	5	3	53	29 ♏	55	18	2	53	12	4	42	21
8	27	10	24	26	45	4	25	17	34	14	29 ♋	47	5	37	12	43	1	1	50	14	4	3	10
9	28	10	32	26	57	5	3	18	32	6	0	28	7	18	25 ♐	44	1	0 M.	39	56	3	21	48
10	29	10	41	27	9	5	40	19	29	59	1	10	8	56	9	2	3	0	33	21	2	44	46
11	30	10	49	27	21	6	17	20	27	51	1	52	10	30	22 ♑	35	13	1	46	36	2	18	25
12	Maius 1	10	57	27	33	6	54	21	25	38	2	25	11	57	6	14	21	2	54	34	2	9	29
13	2	11	4	27	45	7	31	22	23	25	2	59	13	22	19 ♒	52	48	3	52	52	2	18	10
14	3	11	12	27	57	8	8	23	21	11	3	32	14	45	3	54	27	4	39	13	2	42	33
15	4	11	20	28	9	8	45	24	18	58	4	6	16	7	17 ♓	59	25	5	8	55	3	17	10
16	5	11	27	28	21	9	22	25	16	45	4	39	17	27	2	9	45	5 A.	20	2	3	53	42
17	6	11	35	28	33	9	59	26	14	25	5	5	18	43	16 ♈	24	27	5	2	11	4	24	31
18	7	11	42	28	45	10	36	27	12	5	5	31	19	53	0	30	49	4	43	25	4	44	49
19	8	11	49	28	58	11	13	28	9	46	5	58	20	52	14	35	43	3	58	50	4	47	15
20	9	11	57	29	11	11	50	29 ♊	7	26	6	24	21	49	28 ♉	45	25	2	59	23	4	31	55
21	10	12	4	29	24	12	27	0	5	6	6	50	22	45	12	50	34	1	49	43	3	59	48
22	11	12	12	29	37	13	4	1	2	40	7	5	23	38	26 ♊	41	26	0 S.	34	29	3	18	14
23	12	12	19	29 ♋	50	13	41	2	0	14	7	20	24	25	10	15	11	0	34	49	2	36	0
24	13	12	27	0	3	14	18	2	57	49	7	35	25	7	23 ♋	29	48	1	51	24	2	0	14
25	14	12	34	0	16	14	55	3	55	23	7	50	25	47	6	28	10	2	55	49	1	36	15
26	15	12	41	0	29	15	32	4	52	57	8	5	26	22	19 ♌	4	2	3	49	45	1	26	50
27	16	12	48	0	42	16	9	5	50	25	8	10	26	54	1	20	30	4	31	48	1	31	3
28	17	12	55	0	55	16	46	6	47	54	8	16	27	24	13	28	6	5	1	21	1	47	53
29	18	13	2	1	8	17	23	7	45	22	8	22	27	46	25 ♍	23	50	5 D.	17	10	2	12	38
30	19	13	9	1	21	18	0	8	42	50	8	28	28	2	7	17	32	5	19	31	2	42	30
31	20	13	16	1	34	18	37	9	40	19	8	34	28	12	19	10	25	5	7	43	3	12	9

LATITUDO

Dies Mai.	Dies Apr.	Superiorum M. A. G.	M.	M. A. G.	M.	S. A. G.	M.	Inferiorum S. D. G.	M.	S. A. G.	M.
1	20	2	13	0	5	1	22	4	2	1	18
6	25	2	13	0	5	1	22	3	58	1 D.	57
11	30	2	13	0	4	1	22	3	54	2	19
16	Mai. 5	2	12	0	3	1	21	3	42	2	20
21	10	2	12	0	2	1	20	3	30	1	58
26	15	2	12	0	2	1	20	3	16	1	17

Maii Aſpectus Lunæ cum Planetis.

Dies.	Dierum Solemnitates.	♄ Orien.	♃ Orien	♂ Occid.	☉ H. M.	♀ Orien.	☿ Orien.	Aſpectus Planetarum Mutui.
1	*SS. Jacobus & Philippus Apoſt.*		✱	✱		✱	□	[1'. 59' ♍.
2	S. Athanaſius Epiſc. & Conf.	△						☌ ♃ ♀. ☽ Apog. ad 3°'.
D. 3	*Jubilate.* Inventio S. Crucis.				△			
4	S. Monica vidua.		□	□		□	△	
5								
6	S. Joannes ante Portam Latin.					△		
7	S. Staniſlaus Epiſc. & Mart.	☍	△	△				
8	Apparitio S. Michaëlis Archan.				9 ○ 44			
9	S. Gregorius Nazian. Ep. & C.						☍	☽ ☋.
D. 10	*Cantate.*							
11			☍			☍		
12	SS. Nereus, Achilleus, &c. M.	△		☍				
13					△			
14	S. Bonifacius Martyr.	□					△	
15			△		10 ☾ 1			
16		✱		△		△		☽ Perigæum ad ♓.
D. 17	*Vocem jucunditatis.*		□		✱		□	
18				□		□		
19	*Rogationes abſtinentia.*						✱	
20		☌	✱	✱		✱		✱ ♄ ♂.
21	*Aſcenſio Domini.*							
22					8 ● 6			☽ ☊. Eclipſis ☉.
23								
D. 24	*Exaudi.*		☌				☌	
25	S. Maria Mag. de Pazzis Virg.	✱		☌		☌		
26	S. Philippus Nereus Confeſſor.							
27	S. Joannes Papa & Martyr.	□			✱			
28	S. Germanus Epiſcopus.							
29			✱				✱	
30	*Vigilia & jejunium.*	△		✱	3 ☾ 7	✱		
D. 31	*PENTECOSTES.*							

Emerſiones primi Satellitis Jovis.

Dies.	H.	M.	S.	Dies.	H.	M.	S.	Dies.	H.	M.	S.
1	23	30	40	12	14	24	4	23	5	16	15
3	17	59	41	14	8	52	52	24	23	44	50
5	12	28	37	16	3	21	35	26	18	13	23
7	6	57	31	17	21	50	16	28	12	41	52
9	1	26	24	19	16	18	57	30	7	10	22
10	19	55	14	21	10	47	37				

Junii Motus Diurnus Planetarum, Anno 1705.

Gregor. Jun.	Julian. Mai.	♄ ♉ G.	M.	♃ ♋ G.	M.	♂ ♋ G.	M.	☉ ♊ G.	M.	S.	♀ ♋ G.	M.	☿ ♊ G.	M.	☾ ♎ G.	M.	S.	Lat. ☾ S. D. G.	M.	S.	☊ ☾ ♊ G.	M.	S.
Dies.																							
1	21	13	23	1	47	19	14	10	37	47	8 ℞.	40	28 ℞.	19	1	7	32	4	42	29	3	37	33
2	22	13	30	2	1	19	51	11	35	11	8	32	28	17	13	6	3	4	14	54	3	55	55
3	23	13	37	2	14	20	28	12	32	35	8	23	28	13	25 ♏	30	7	3	14	29	4	0	25
4	24	13	44	2	27	21	5	13	29	59	8	15	28	5	8	2	48	2	14	24	3	51	53
5	25	13	51	2	40	21	42	14	27	23	8	6	27	52	21 ♐	0	46	1 M.	5	57	3	28	54
6	26	13	58	2	53	22	19	15	24	47	7	58	27	35	4	26	44	0	35	51	2	38	7
7	27	14	5	3	6	22	56	16	22	7	7	36	27	15	17 ♑	57	48	1	27	24	2	11	12
8	28	14	12	3	20	23	33	17	19	27	7	14	26	54	1	58	44	2	33	24	1	31	55
9	29	14	19	3	33	24	11	18	16	47	6	52	26	32	16 ♒	25	22	3	37	7	0	58	7
10	30	14	25	3	46	24	48	19	14	7	6	30	26	9	0	33	37	4	27	55	0	41	32
11	31	14	31	3	59	25	25	20	11	27	6	8	25	46	14	56	53	5	1	55	0	42	58
12	Junius, 1	14	38	4	12	26	3	21	8	44	5	37	25	20	29 ♓	5	33	5 A.	17	29	1	2	10
13	2	14	46	4	26	26	40	22	6	0	5	6	24	49	13	17	30	5	12	37	1	33	10
14	3	14	53	4	39	27	18	23	3	17	4	35	24	13	27 ♈	27	17	4	50	4	2	10	28
15	4	15	1	4	53	27	55	24	0	33	4	4	23	33	11	26	21	4	9	13	2	43	13
16	5	15	8	5	6	28	33	24	57	50	3	33	22	47	25 ♉	13	43	3	14	21	3	7	13
17	6	15	15	5	20	29	10	25	55	4	2	57	22	1	8	59	16	2	8	32	3	16	29
18	7	15	21	5	34	29 ♌	47	26	52	19	2	22	21	17	22 ♊	56	20	1 S.	20	54	3	12	9
19	8	15	27	5	48	0	25	27	49	33	1	46	20	37	5	45	50	0	15	57	2	43	47
20	9	15	34	6	1	1	2	28	46	48	1	10	20	1	18 ♋	56	34	1	27	30	2	7	43
21	10	15	40	6	15	1	39	29 ♋	44	2	0 ♊	35	20	31	1	54	40	2	32	5	1	42	59
22	11	15	46	6	29	2	16	0	41	15	29	57	20	7	14	41	42	3	29	58	0	49	20
23	12	15	53	6	42	2	54	1	38	28	29	19	19	53	27 ♌	17	7	4	15	56	0	19	3
24	13	15	59	6	56	3	31	2	35	41	28	40	19	47	9	32	24	4	40	6	0 ♉	0	39
25	14	16	5	7	9	4	9	3	32	54	28	2	19	41	21 ♍	30	21	5 D.	8	42	0	29	55
26	15	16	11	7	23	4	46	4	30	7	27	24	19 D.	35	3	28	20	5	15	6	0 ♊	4	5
27	16	16	17	7	36	5	24	5	27	19	26	52	19	42	15	15	7	5	7	29	0	12	52
28	17	16	23	7	59	6	2	6	24	32	26	20	19	50	27 ♎	10	50	4	46	57	0	49	35
29	18	16	29	8	12	6	40	7	21	44	25	47	20	0	9	5	7	4	13	32	1	19	7
30	19	16	35	8	26	7	18	8	18	57	25	15	20	12	21	11	48	3	28	22	1	48	41

LATITUDO

Jun. Dies.	Mai.	Superiorum M. A. G.	M.	M. A. G.	M.	S. A. G.	M.	Inferiorum. S. D. G.	M.	M. D. G.	M.
1	21	2	11	0	2	1	20	2	1	0	8
6	26	2	13	0	1	1	20	1	58	1	27
11	31	2	14	0	1	1	19	0	8	2	47
16	Jun. 5	2	14	0 S.	0	1 D.	17	1 M.	13	3	52
21	10	2	15	0	1	1	17	2	19	4	28
26	15	2	15	0	1	1	16	3	20	4	34

Junii Aſpectus Lunæ cum Planetis.

Dies.	Dierum Solemnitates.	♄ Orien.	♃ Occid.	♂ Occid.	☉ H. M.	♀ Occid.	☿ Occid.	Aſpectus Planetarum Mutui.
1			□		△	□		
2	SS. Marcellin. Petr. & Eraſ. M.			□			△	
3	*Quatuor Tempora.*		△					
4		☍				△		
5	*Quatuor Tempora.*			△				☽ ☋.
6	*Quatuor Tempora.*				21 ○ 1			
D. 7	*Dominica SS. Trinitatis.*						☍	
8	S. Medardus Epiſcopus.	△	☍			☍		
9	SS. Primus & Felicianus Mart.			☍				
10	S. Landericus Epiſcopus.	□						
11	*Feſtum Corporis Chriſti.*				△		△	
12			△			△		
13	S. Antonius de Padua Confeſſ.	✶			16 ☾ 1		□	☽ Perig. ad ♓.
D. 14	*II. Dominica poſt Pentecoſtem.*		□	△		□	✶	☌ ♃ ♀.
15								☌ ☉ ☿.
16	SS. Cyricus & Julitta Mart.		✶	□	✶	✶		
17		☌						
18	*Octava Corporis Chriſti.*			✶				☽ ♌.
19	SS. Gervaſius & Protaſius M.							
20	S. Silverius Papa & Martyr.				19 ● 36	☌	☌	
D. 21	*III. Dominica poſt Pentecoſtem.*		☌					☌ ☉ ♀.
22	S. Paulinus Epiſc. & Confeſſ.	✶						
23	*Vigilia & jejunium.*			☌				
24	*Nativitas S. Joannis Baptiſtæ.*	□					✶	
25						✶		
26	SS. Joannes & Paulus Martyr.		✶		✶			☽ Ap. ad 6°. 29'. 12. ♍.
27	*Vigilia & jejunium.*	△				□	□	
D. 28	*IV. Dominica.*		□	✶	20 ☾ 14			
29	*SS. Petrus & Paulus Apoſt.*						△	
30	S. Martialis Epiſcopus.					△		☌ ♃ ☉.

Emerſiones primi Satellitis Jovis.

Dies.	H.	M.	S.	Dies.	H.	M.	S.	Dies.	H.	M.	S.
1	1	38	50	11	16	29	4				
2	20	7	15	13	10	57	24				
4	14	35	40	15	5	25	42				
6	9	4	3	16	23	53	57				
8	3	32	24	18	18	22	14	30	3	13	44
9	22	0	44					☌ ♃ ☉.			

Julii Motus Diurnus Planetarum, Anno 1705.

Gregor. Juli.	Julian. Jun.	♄ ♉		♃ ♋		♂ ♌		☉ ♋			♀ ♊		☿ ♊		☾ ♏			Lat. ☾ S. D.			☊ ☾ ♊		
Dies.		G.	M.	G.	M.	G.	M.	G.	M.	S.	G.	M.	G.	M.	G.	M.	S.	G.	M.	S.	G.	M.	S.
1	20	16	41	8	31	7	56	9	16	9	24 R.	43	20	26	3	30	40	2	31	51	2	9	36
2	21	16	48	8	44	8	33	10	13	22	24	19	20	36	16	11	18	1	25	39	2	5	7
3	22	16	56	8	58	9	14	11	10	34	23	55	21	4	29 ♐	1	53	0 M.	17	4	2	27	16
4	23	17	4	9	11	9	48	12	7	47	23	30	21	41	12	27	48	0	55	45	2	13	13
5	24	17	12	9	25	10	26	13	4	59	23	6	22	26	26 ♑	23	14	2	7	6	1	42	57
6	25	17	18	9	38	11	3	14	2	12	22	42	23	24	10	43	50	3	13	0	1	0	0
7	26	17	22	9	52	11	40	14	59	26	22	32	24	34	25 ♒	16	6	4	7	15	0 ♉	15	4
8	27	17	25	10	5	12	18	15	56	39	22	21	25	40	10	4	41	4	47	7	29	36	13
9	28	17	28	10	19	12	55	16	53	53	22	11	26	40	24 ♓	55	46	5 A.	8	0	29	13	56
10	29	17	31	10	32	13	33	17	51	6	22	0	27	34	9	35	36	5	7	40	29	11	29
11	30	17	34	10	46	14	10	18	48	20	21	50	28	28	23 ♈	59	47	4	48	22	29	27	37
12	Julius. 1	17	39	10	59	14	48	19	45	35	21	46	29	30	8	15	19	4	11	17	29 ♊	58	27
13	2	17	44	11	13	15	28	20	42	50	21 D.	44	0 ♋	40	22 ♉	29	43	3	18	57	0	37	44
14	3	17	49	11	26	16	3	21	40	5	21	47	1	56	5	40	16	3	0	29	1	4	49
15	4	17	53	11	39	16	41	22	37	20	21	49	3	20	19 ♊	12	17	1	5	47	1	30	52
16	5	17	58	11	53	17	19	23	34	35	21	53	4	53	2	20	0	0	6	0	1	43	42
17	6	18	2	12	6	17	57	24	31	53	22	5	6	32	15	25	17	1 S.	12	0	1	35	0
18	7	18	7	12	19	18	34	25	29	10	22	17	8	20	28	16	40	2	17	42	1	26	48
19	8	18	11	12	32	19	12	26	26	28	22	28	10	10	10 ♋	54	13	3	14	45	0	57	51
20	9	18	15	12	45	19	49	27	23	45	22	40	11	58	23 ♌	24	0	4	1	17	0 ♉	21	5
21	10	18	20	12	58	20	27	28	21	3	22	52	13	45	5	44	47	4	35	58	29	42	3
22	11	18	24	13	12	21	5	29 ♌	18	24	23	13	15	34	17	57	31	4	57	44	29	6	44
23	12	18	28	13	25	21	42	0	15	46	23	34	17	28	29 ♍	58	11	5 D.	6	15	28	40	32
24	13	18	32	13	39	22	20	1	13	7	23	54	19	26	11	44	41	5	1	15	28	26	0
25	14	18	36	13	52	22	57	2	10	29	24	15	21	30	23 ♎	30	0	4	43	17	28	24	12
26	15	18	40	14	6	23	35	3	7	50	24	36	23	41	5	26	24	4	13	11	28	34	30
27	16	18	43	14	17	24	12	4	5	16	25	7	25	50	17	19	17	3	36	15	29	54	12
28	17	18	47	14	28	24	50	5	2	41	25	37	27	57	29 ♏	22	32	2	43	0	29	21	43
29	18	18	50	14	40	25	27	6	0	7	26	8	0 ♌	2	11	39	40	1	40	15	29 ♊	48	32
30	19	18	54	14	51	26	5	6	57	33	26	39	2	5	24 ♐	12	50	0 M.	31	28	0	22	16
31	20	18	57	15	2	26	42	7	54	58	27	9	4	8	7	18	14	0	40	7	0	47	22

LATITUDO

Juli.	Jun	Superiorum M. A.		S. A.		S. D.		Inferiorum M. D.		M. D.	
Dies.		G.	M.	G.	M.	G.	M.	G.	M.	G.	M.
1	20	2	16	0	1	1	16	4	21	3 A.	58
6	25	2	17	0	2	1	15	4	48	3	7
11	30	2	18	0	2	1	14	5	18	2	3
16	Julius 5	2	19	0	3	1	13	5	20	1 S.	5
21	10	2	20	0	3	1	11	5	23	0	10
26	15	2	21	0	4	1	10	5	11	0	59

Julii Aſpectus Lunæ cum Planetis.

Dies.	Dierum Solemnitates.	♄ Orien.	♃ Orien	♂ Occid	☉ H. M.	♀ Orien.	☿ Orien.	Aſpectus Planetarum Mutui.
1	S. Theobaldus Confeſſor.		△	□	△			
2	Viſitatio Beatæ Mariæ.	☍						
3				△				☽ ☋.
4	Tranſlatio S. Martini Epiſcopi.					☍	☍	
D. 5	*V. Dominica.*		☍					☌ ♀ ☿.
6		△			5 ○ 49			
7								
8		□		☍		△		
9							△	✶ ♄ ☉.
10	SS. Septem Fratres Martyres.	✶	△		△	□		☽ Perig. ad ♓.
11	S. Pius Papa & Martyr.						□	
D. 12	*VI. Dominica.*		□	△	20 ☾ 45	✶		
13	S. Anacletus Papa & Martyr.						✶	
14	S. Bonaventura Ep. C. & Doct.	☌	✶	□				☽ ☊.
15	S. Henricus Imperat. & Conf.				✶			
16								
17	S. Alexius Confeſſor.			✶		☌		□ ♄ ♂.
18	S. Symphoroſa cum 7. filiis M.						☌	
D. 19	*VII. Dominica.*	✶	☌					
20	S. Margarita Virgo & Martyr.				8 ● 30			☌ ♃ ☿.
21	S. Victor Martyr.							
22	S. Maria Magdalena.	□		☌		✶		
23	S. Apollinaris Epiſc. & Mart.							✶ ♄ ☿.
24	S. Chriſtiana Virgo & Martyr.	△	△				✶	☽ Ap. ad 9°. 49'. 45. ♍.
25	*S. Jacobus Apoſt. & S. Chriſt.*				✶	□		
D. 26	*VIII. Dominica.*		□					
27	S. Pantaleo Martyr.			✶		△	□	
28	S. Anna Mater B. Mariæ.				12 ☽ 15			
29	S. Martha Hoſpita Chriſti.	☍	✶					
30	SS. Abdon & Sennem Mart.			□			△	
31	S. Ignatius Confeſſor.				△			

Immerſiones primi Satellitis Jovis.

Dies.	H.	M.	S.	Dies.	H.	M.	S.	Dies.	H.	M.	S.
								22	7	8	0
				13	10	46	0	24	1	36	29
				15	5	14	21	25	20	4	58
				16	23	42	43	27	14	33	27
				18	18	11	9	29	9	2	0
				20	12	39	28	31	3	30	34

Augusti Motus Diurnus Planetarum, Anno 1705.

Gregor. Aug.	Julian. Juli.	♄ ♉		♃ ♋		♂ ♌		☉ ♌			♀ ♊		☿ ♌		☾ ♐			Lat. ☾ M. D.			☊ ☾ ♊		
Dies.		G.	M.	G.	M.	G.	M.	G.	M.	S.	G.	M.	G.	M.	G.	M.	S.	G.	M.	S.	G.	M.	S.
1	21	19	1	15	14	27	20	8	52	24	27	40	6	12	20	41	8	1	42	42	0	57	18
2	22	19	4	15	27	27	58	9	49	55	28	17	8	15	♑ 4	28	32	2	50	35	0	52	28
3	23	19	7	15	40	28	36	10	47	26	28	54	10	18	18	55	25	3	48	0	0	28	42
4	24	19	10	15	52	29	13	11	44	57	29	31	12	21	♒ 3	44	19	4	31	16	♉ 29	48	43
5	25	19	13	16	5	29	51	12	42	28	♋ 0	8	14	24	18	48	47	4	57	2	29	0	54
6	26	19	16	16	18	♍ 0	29	13	39	59	0	45	16	27	♓ 4	2	15	5	2	18	28	16	34
7	27	19	19	16	33	1	7	14	37	35	1	30	18	29	19	1	5	A. 4	46	37	27	49	58
8	28	19	22	16	47	1	45	15	35	12	2	15	20	29	♈ 3	51	26	4	11	53	27	38	47
9	29	19	25	17	2	2	22	16	32	48	2	59	22	28	18	17	50	3	20	48	27	49	31
10	30	19	27	17	16	3	0	17	30	25	3	44	24	26	♉ 2	26	15	2	18	5	28	14	46
11	31	19	29	17	31	3	38	18	28	1	4	29	26	24	16	9	34	1 S.	10	43	28	54	25
12	Augustus 1	19	31	17	43	4	12	19	25	43	5	16	28	21	29	28	10	0	0	32	29	21	58
13	2	19	33	17	55	4	46	20	23	26	6	3	♍ 0	16	♊ 12	33	41	1	10	18	29	51	0
14	3	19	35	18	8	5	21	21	21	8	6	51	2	9	25	22	40	2	14	26	♊ 0	10	0
15	4	19	37	18	20	5	55	22	18	51	7	38	4	0	♋ 7	54	32	3	9	56	0	15	7
16	5	19	39	18	32	6	29	23	16	33	8	25	5	50	20	17	22	3	56	30	0	7	46
17	6	19	41	18	44	7	11	24	14	22	9	16	7	37	♌ 2	27	19	4	30	16	♉ 29	46	13
18	7	19	43	18	56	7	53	25	12	11	10	7	9	21	14	36	32	4	52	21	29	14	24
19	8	19	45	19	9	8	35	26	10	1	10	58	11	1	26	38	5	5 D.	1	26	28	37	13
20	9	19	47	19	21	9	17	27	7	50	11	49	12	39	♍ 8	45	48	4	56	58	27	58	23
21	10	19	48	19	33	9	59	28	5	39	12	40	14	13	20	28	51	4	39	33	27	25	42
22	11	19	49	19	45	10	37	29	3	34	13	33	15	49	♎ 2	15	0	4	9	30	27	0	13
23	12	19	50	19	56	11	15	♍ 0	1	29	14	27	17	24	14	5	20	3	27	15	26	50	40
24	13	19	50	20	8	11	53	0	59	23	15	20	18	59	26	14	49	2	40	6	26	51	53
25	14	19	50	20	20	12	31	1	57	18	16	14	20	34	♏ 8	1	8	1	43	15	27	5	17
26	15	19	50	20	32	13	9	2	55	13	17	7	22	9	20	13	11	0	40	5	27	28	58
27	16	19	51	20	43	13	48	3	53	18	18	3	23	39	♐ 2	43	49	M. 0	26	57	28	0	6
28	17	19	51	20	54	14	27	4	51	23	19	0	25	9	15	35	12	1	34	45	28	33	24
29	18	19	51	21	5	15	5	5	49	28	19	56	26	39	28	57	23	2	38	0	29	3	47
30	19	19	51	21	17	15	44	6	47	33	20	53	28	9	♑ 12	41	36	3	35	54	29	23	57
31	20	19	52	21	28	16	23	7	45	38	21	49	29	39	27	26	28	4	21	49	29	27	47

LATITUDO

Aug.	Juli.	Superiorum M. A.		S. A.		S. D.		Inferiorum M. D.		S. A.	
Dies.		G.	M.	G.	M.	G.	M.	G.	M.	G.	M.
1	21	2	22	0	4	1	9	5	5	1 D.	35
6	26	2	23	0	5	1	7	4	45	1	44
11	31	2	24	0	5	1	6	4 A.	26	1	46
16	Aug. 5	2	25	0	6	1	4	4	3	1	16
21	10	2	27	0	6	1	2	3	38	0	28
26	15	2	28	0	7	1	0	3	11	0	13

Augusti Aspectus Lunæ cum Planetis.

Dies.	Dierum Solemnitates.	♄ Orien.	♃ Orien.	♂ Occid.	☉ H. M.	♀ Orien.	☿ Orien.	Aspectus Planetarum Mutui.
1	S. Petrus ad Vinc. SS. Mach. M.			△		☍		
D. 2	*IX. Dominica.*		☍					
3	Invent. S. Stephani Protomart.	△					Occid.	
4	S. Dominicus Confessor.				13 ○ 52		☍	☌ ☉ ☿. ✶ ♂ ♀.
5	Dedicatio S. Mariæ ad Nives.	□		☍		△		
6	Transfiguratio Domini.		△					
7	S. Cajetanus Confessor.	✶				□		☽ Perig. ad ♓.
8	*Vigilia & jejunium.*		□		△			□ ♄ ☿.
D. 9	*X. Dominica.*						△	
10	*S. Laurentius Martyr.*			△		✶		
11	S. Susanna Virgo & Martyr.	☌	✶		5 ☾ 29			
12	S. Clara Virgo.			□			□	□ ♄ ☉. ☽ ☊.
13	SS. Hippolit. & Cassian. Mart.				✶			
14	*Vigilia & jejunium.*			✶		☌	✶	
15	*Assumptio B. Mariæ.*	✶	☌					
D. 16	*XI. Dominica. S. Rochus Conf.*							
17								
18	S. Agapitus Martyr.	□			23 ● 5			☌ ♂ ☿.
19								[16. 58'. ♍.
20	S. Bernardus Abbas.	△	✶	☌		✶	☌	✶ ♀ ☿. ☽ Apog. ad 13°.
21								
22	S. Symphorianus.							✶ ♄ ♃.
D. 23	*XII. Dominica.*		□			□		
24	*S. Bartholomæus Apostolus.*				✶			
25	*S. Ludovicus Rex Franc. Conf.*	☍		✶		△		△ ♄ ☿. ✶ ♃ ☿. ✶ ♄ ♃.
26	S. Zephyrinus Papa & Martyr.		△				✶	☽ ☋.
27				□	2 ☽ 4			
28	S. Augustinus Ep. C. & Ec. D.						□	
29	Decollatio S. Joannis Baptistæ.							✶ ♄ ♀.
30	*XIII. Dominica.*	△	☍	△	△			
31	S. Raymundus Nonnatus Conf.						△	☌ ♃ ♀.

Immersiones primi Satellitis Jovis.

Dies.	H.	M.	S.	Dies.	H.	M.	S.	Dies.	H.	M.	S.
1	21	59	10	12	12	51	23	23	3	44	24
3	16	27	49	14	7	20	10	24	22	13	14
5	10	56	29	16	1	48	58	26	16	42	11
7	5	25	4	17	20	17	48	28	11	10	49
8	23	53	52	19	14	46	40	30	5	40	2
10	18	22	37	21	9	15	31				

Septembris Motus Diurnus Planetarum, Anno 1705.

Gregor. Sep.	Julian. Aug.	♄ ♉ G.	M.	♃ ♋ G.	M.	♂ ♍ G.	M.	☉ ♍ G.	M.	S.	♀ ♋ G.	M.	☿ ♎ G.	M.	☾ ♒ G.	M.	S.	Lat. ☾ M. A. G.	M.	S.	☊ ☾ ♉ G.	M.	S.
1	21	19 ℞.	52	21	39	17	2	8	43	43	22	46	1	10	11	55	37	4	39	0	28	0	0
2	22	19	52	21	50	17	41	9	41	57	23	45	2	39	26	55	30	4	51	0	27	50	0
3	23	19	51	22	1	18	19	10	40	12	24	44	4	7	♓ 12	20	28	5	0	0	27	36	0
4	24	19	51	22	11	18	58	11	38	26	25	42	5	35	27	37	40	4	21	3	27	22	45
5	25	19	51	22	22	19	36	12	36	41	26	41	7	2	♈ 12	27	32	3	35	0	27	35	54
6	26	19	51	22	23	20	15	13	34	55	27	40	8	28	27	24	54	2	43	1	27	30	39
7	27	19	50	22	43	20	54	14	33	18	28	43	9	52	♉ 11	41	50	1	17	24	26	0	18
8	28	19	49	22	54	21	32	15	31	41	29	45	11	13	25	38	36	0	4	41	27	19	17
9	29	19	48	23	4	22	11	16	30	5	♌ 0	48	12	30	♊ 9	5	52	S. 1	10	3	26	25	3
10	30	19	47	23	15	22	49	17	28	28	1	50	13	41	22	15	50	2	14	3	27	24	26
11	31	19	46	23	26	23	28	18	26	51	2	53	14	45	♋ 4	47	39	3	11	57	27	55	50
12	September 1	19	45	23	36	24	7	19	25	24	3	56	15	48	17	11	14	3	57	58	28	20	27
13	2	19	44	23	45	24	46	20	23	57	4	59	16	50	29	31	52	4	33	39	28	34	18
14	3	19	43	23	55	25	25	21	22	31	6	1	17	51	♌ 11	32	0	4	52	0	27	0	49
15	4	19	41	24	5	26	4	22	21	4	7	4	18	51	23	31	0	5	5	7	28	21	37
16	5	19	40	24	15	26	43	23	19	37	8	7	19	50	♍ 5	30	5	5	0	44	27	56	18
17	6	19	38	24	25	27	22	24	18	20	9	11	20	48	17	23	25	D. 4	43	39	27	22	23
18	7	19	36	24	34	28	2	25	17	3	10	16	21	44	29	18	15	4	14	21	26	43	37
19	8	19	34	24	43	28	41	26	15	46	11	20	22	38	♎ 11	7	58	3	34	19	26	5	5
20	9	19	32	24	53	29	21	27	14	29	12	25	23	30	22	58	45	2	44	31	25	33	11
21	10	19	30	25	2	♎ 0	0	28	13	12	13	29	24	20	♏ 4	55	20	1	47	49	25	11	48
22	11	19	28	25	11	0	39	29	12	5	14	35	25	7	17	2	43	0	43	46	25	4	7
23	12	19	26	25	20	1	18	♎ 0	10	58	15	40	25	48	29	23	5	M. 0	23	0	25	10	15
24	13	19	24	25	29	1	56	1	9	50	16	46	26	23	♐ 11	52	51	1	29	32	25	29	29
25	14	19	21	25	37	2	35	2	8	43	17	51	26	52	24	47	7	2	34	21	25	59	23
26	15	19	19	25	46	3	14	3	7	36	18	57	27	15	♑ 8	3	46	3	32	33	26	35	2
27	16	19	16	25	54	3	54	4	6	39	20	4	27	31	21	38	34	4	19	36	26	59	21
28	17	19	13	26	3	4	33	5	5	42	21	10	27	41	♒ 5	52	25	4	52	52	27	27	27
29	18	19	10	26	11	5	13	6	4	46	22	17	27 ℞.	46	20	28	3	5	8	19	27	48	57
30	19	19	7	26	19	5	52	7	3	49	23	23	27	40	♓ 5	30	4	A. 5	3	2	27	31	30

LATITUDO

Sep.	Aug.	Superiorum M. A. G.	M.	S. A. G.	M.	S. D. G.	M.	Inferiorum. M. A. G.	M.	M. D. G.	M.
1	21	2	29	0	8	0	58	2	42	0	33
6	26	2	30	0	8	0	56	1	41	1	5
11	31	2	31	0	9	0	54	1	20	2	0
16	Sep. 5	2	32	0	10	0	52	1	11	2	34
21	10	2	33	0	10	0	50	0	57	3	5[illegible]
26	15	2	34	0	11	0	48	0	33	3	28

Septembris Aspectus Lunæ cum Planetis.

Dies.	Dierum Solemnitates.	♄ Orien.	♃ Orien.	♂ Occid.	☉ H. M.	♀ Orien.	☿ Occid.	Aspectus Planetarum Mutui.
1	S. Ægidius Abbas.	△						
2	S. Lazarus à Christo suscitatus.				21 ○ 19			
3		✱	△	☍		△		☽ Perigæum ad ♓.
4	S. Marcellus Martyr.						☍	
5			□					△ ♄ ♂.
D. 6	*XIV. Dominica.*					□		
7	S. Clodoaldus Confessor.	☌	✱	△	△			
8	*Nativitas B. Mariæ Virginis.*					✱		☽ ☊.
9	S. Gorgonius Martyr.				14 ☾ 21		△	
10	S.Nicolaus de Tolentino Conf.			□				
11	SS.Protus & Hyacinthus Mart.						□	✱ ♃ ♂.
12		✱	☌	✱	✱			△ ♄ ☉.
D. 13	*XV. Dominica.*					☌		
14	Exaltatio S. Crucis.	□					✱	
15	S. Nicomedes Martyr.							
16	*Quatuor Tempora.*							
17	Impres. SS. Stigm. S. Francisci.	△	✱	☌	15 ● 17			✱♃☉. ☽ Apog. ad 16°. 44'. 11". ♍.
18	4. *Temp.* S.Thomas de Vill. Ep.							
19	4. *Temp.* S. Januarius & soc. M.					✱		
D. 20	*XVI. Dom.* S.Eustach. & soc. M.		□				☌	
21	*S. Matthæus Apost. & Evang.*					□		
22	S. Mauritius & socii Martyres.	☍	△					
23	S. Linus Papa & Martyr.			✱	✱			□ ♃ ☿. ☽ ☋.
24						△		
25				□	14 ☽ 13		✱	
26	SS. Cyprianus & Justina Mart.	△		Orien.				□ ♄ ♀. ☌ ♂ ☉.
D. 27	*XVII. Dom.* SS. Cosma & Dam.		☍	△	△		□	
28		□						
29	*S. Michaël Archangelus.*					☍	△	
30	S. Hieronymus Presb. & Ec. D.	✱						

Immersiones primi Satellitis Jovis.

Dies.	H.	M.	S.	Dies.	H.	M.	S.	Dies.	H.	M.	S.
1	0	9	1	11	15	2	55	22	5	57	8
2	18	37	59	13	9	31	58	24	0	26	8
4	13	6	54	15	4	1	1	25	18	55	9
6	7	35	54	16	22	30	4	27	13	24	5
8	2	4	53	18	16	59	6	29	7	52	59
9	20	33	55	20	11	28	8				

Octobris Motus Diurnus Planetarum, Anno 1705.

Oct. Gregor.	Sept. Julian.	♄ ♉		♃ ♋		♂ ♎		☉ ♎			♀ ♌		☿ ♎		☽ ♓			Lat. ☽ M. A.			☊ ☽ ♉		
Dies.		G.	M.	G.	M.	G.	M.	G.	M.	S.	G.	M.	G.	M.	G.	M.	S.	G.	M.	S.	G.	M.	S.
1	20	19 ℞	4	26	27	6	32	8	2	52	24	30	27	37	20 ♈	30	24	4	38	38	27	18	17
2	21	19	0	26	35	7	11	9	2	6	25	37	27	26	5	33	53	3	54	35	26	34	19
3	22	18	56	26	42	7	50	10	1	20	26	44	27	9	20 ♉	53	44	2	52	47	25	42	39
4	23	18	52	26	50	8	29	11	0	34	27	51	26	43	5	31	35	1	41	11	25	0	21
5	24	18	48	26	57	9	8	11	59	48	28 ♍	58	26	5	20 ♊	8	1	0 S.	23	39	24	34	56
6	25	18	45	27	4	9	47	12	59	2	0	5	25	17	4	14	13	0	51	19	24	30	44
7	26	18	42	27	12	10	26	13	59	25	1	14	24	18	17 ♋	45	52	2	3	21	24	42	16
8	27	18	39	27	19	11	5	14	57	49	2	24	23	17	0	53	19	3	7	15	25	8	4
9	28	18	36	27	26	11	44	15	57	12	3	33	22	8	13	36	34	3	59	44	25	36	48
10	39	18	33	27	33	12	23	16	56	36	4	43	20	52	26 ♌	1	57	4	34	6	26	13	15
11	30	18	29	27	40	13	2	17	55	59	5	52	19	30	8	18	53	5	3	46	26	42	50
12	Octobr. 1	18	25	27	46	13	42	18	55	33	7	2	18	11	20 ♍	23	54	5 D.	12	58	27	2	31
13	2	18	21	27	52	14	22	19	55	7	8	11	16	57	2	20	20	5	10	38	27	7	59
14	3	18	17	27	57	15	1	20	54	40	9	21	15	49	14	23	55	4	54	40	27	2	19
15	4	18	13	28	3	15	41	21	54	14	10	30	14	49	26 ♎	4	0	4	26	26	26	53	45
16	5	18	9	28	9	16	21	22	53	48	11	40	13	58	7	57	43	3	43	19	25	24	35
17	6	18	5	28	14	17	1	23	53	32	12	50	13	17	20 ♏	0	21	2	56	33	25	34	2
18	7	18	0	28	19	17	41	24	53	17	14	0	12	44	2	0	18	2	5	30	25	6	0
19	8	17	56	28	23	18	22	25	53	1	15	11	12	19	14	10	8	1 M.	4	18	26	22	20
20	9	17	52	28	28	19	2	26	52	46	16	21	12	2	26	27	57	0	13	34	23	56	35
21	10	17	48	28	33	19	42	27	52	30	17	31	11 D.	51	8 ♐	48	28	1	19	6	23	38	48
22	11	17	43	28	38	20	22	28	52	24	18	42	11	57	21 ♑	33	31	2	26	32	23	37	45
23	12	17	39	28	43	21	2	29 ♏	52	18	19	53	12	13	4	38	7	3	26	56	23	51	52
24	13	17	35	28	48	21	42	0	52	12	21	3	12	41	17	56	41	4	15	7	24	19	25
25	14	17	30	28	53	22	22	1	52	6	22	14	13	23	1 ♒	30	19	4	47	23	24	55	43
26	15	17	26	28	57	23	2	2	52	0	23	25	14	21	15	35	23	5 A.	11	54	25	27	47
27	16	17	21	29	1	23	41	3	52	4	24	36	15	36	29 ♓	54	45	5	15	50	26	7	6
28	17	17	16	29	4	24	21	4	52	9	25	48	16	49	14	23	29	4	46	51	26	25	26
29	18	17	12	29	8	25	1	5	52	13	26	59	17	59	29 ♈	11	47	4	13	32	26	23	56
30	19	17	7	29	11	25	40	6	52	18	28	11	19	7	13	28	25	3	24	15	26	1	41
31	20	17	2	29	15	26	20	7	52	22	29	22	20	13	29	2	49	2	13	36	25	18	15

LATITUDO

Oct.	Sept.	Superiorum M. A.		S. A.		S. D.		Inferiorum. M. A.		M. A.	
Dies.		G.	M.	G.	M.	G.	M.	G.	M.	G.	M.
1	20	2	35	0	11	0	46	0	8	3	31
6	25	2	36	0	12	0	43	0 S.	23	3	3
11	30	2	37	0	13	0	40	0	35	1	45
16	Oct. 5	2	37	0	14	0	38	0	51	0 S.	5
21	10	2	37	0	15	0	36	1	7	1	16
26	15	2	37	0	16	0	33	1	19	2	0

Observations pour prevoir les changements du temps.

Si la planete dominante est de qualité froide et en signe humide ou de froide qualité, la constitution de l'air sera froide : et la qualité du temps durant toutte l'année sera d'autant plus seche ou humide selon que la planete dominante aura plus ou moins de tesmoignages des qualités et de celles du signe ou elle sera : comme des froidures et de secheresse quand ♄ est au ♑ : ou bien d'humidité sur la secheresse comme lorsque la ☾ est au ♋ ou bien en quelque autre signe aquatique

Pareillement si la dominante est de chaude qualité et qu'elle soit en signe de chaleur, la constitution de l'air aura de la chaleur.

Il y a 3 sortes de conionctions entre les 3 planetes superieures : la grande se fait entre ♄ et ♃. la moyenne entre ♄ et ♂ la 3e entre ♃ et ♂.

En la grande ☌ de ♄ et ♃ si ♄ est sup., directement, elle annonce des evenemens fascheux : si elle est en signe de secheresse il montre de la sterilité : si en des signes humides il augmente la vegetation des plantes ; si dans des signes humides il fait des maladies dangereuses, et de grandes eaux

La moyenne conionction denote les discordes et les querelles :

La moindre conionction signifie du froid, des neiges et des pluies incommodes.

Generalement les conionctions en des signes ignées annoncent la sterilité et secheresse de la terre : en des signes aeriens les vents violents : en des signes humides, marquent des grandes pluyes. en des signes terrestres froid et neiges.

♄	♃	♂	♀	☿	
froid et sec	plus humide que chaud	chaud et tres sec	humide	sec	occidentaux
froid et humide	chaud et humide	chaud et sec	chaude et humid	chaud	orientaux

☉ chaud et sec en esté : Au printemps chaud : sec en Automne : en hiver peu de qualité.

☾ depuis la ☌ jusqu'au 1er □ chaude et humide : depuis ce □ jusqu'a la ☍ chaude et plus seche. depuis la ☍ jusqu'au 2e □ tres froide tres seche : depuis ce □ jusqu'a la ☌ plus humide que froide

♈ chaleur | ♉ terrestre et sec | ♊ aerien et humide | ♋ aquée | ♌ chaleur | ♍ terrestre et sec | ♎ aerien humide

♏ aquée | ♐ ignée | ♑ terrestre et sec | ♒ aerien humide | ♓ aquée

♈	♌	♐	chauds et secs	Ignées
♉	♍	♑	froids et secs	terrestres
♊	♎	♒	chauds et humides	Aeriens
♋	♏	♓	froids et humides	Aquées

Quand ♄ est seul dispositeur du temps ou proche des entrées du ☉ dans les signes ; singulierement aux quartiers de la ☾ il produit de la secheresse d'autant plus qu'il convient a la qualité du signe ou il se trouve : et souvent quand la ☾ va a la conionction de ♄ depuis son sinode au soleil, l'air est fort sombre pour se resoudre en pluies.

Octobris Aspectus Lunæ cum Planetis.

Dies.	Dierum Solemnitates.	♄ Orien.	♃ Orien.	♂ Orien.	☉ H. M.	♀ Orien.	☿ Occid.	Aspectus Planetarum Mutui.
1	S. Remigius Episc. & Confess.		△					
2	SS. Angeli Custodes.			☍	5 ○ 31			
3	S. Dionysius Areopagita.		□			△	☍	⚹ ♀ ☿. □ ♃ ☿.
D. 4	*XVIII. Dom.* S. Franciscus C.	☌						
5	S. Placidus & socii Martyres.		⚹			□		☽ ☊.
6	S. Bruno Confessor.			△	△			
7	S. Marcus Papa & Martyr.						△	
8	S. Birgitta Vidua.			□		⚹	□	
9	*S. Dionysius Episc. & Martyr.*	⚹			5 ☾ 24			
10	S. Franciscus Borgiæ Confess.		☌					
D. 11	*XIX. Dominica.*	□		⚹	⚹		⚹	
12							Orien.	☌ ☉ ☿.
13	S. Eduardus Confessor.					☌		
14	S. Callistus Papa & Martyr.	△						
15	S. Theresia Virgo.		⚹					☌ ♂ ☿. ☽ Apog. ad 20°.
16				☌			☌	4. 43'. ♍.
17	S. Cerbonius Episcopus.		□		8 ● 48			
D. 18	*XX. Dom.* S. Lucas Evang.							
19	S. Petrus de Alcantara Confess.	☍				⚹		
20	S. Ursula & sociæ Martyres.		△					☽ ☋.
21				⚹		□	⚹	△ ♄ ♀.
22					⚹			□ ♃ ☉.
23		△					□	
24	S. Maglorius Episcopus.		☍	□		△		
D. 25	*XXI. Dom.* SS. Crispian. & Crisp.				1 ☽ 19		△	
26	S. Evariscus Papa & Martyr.	□		△				
27	*Vigilia & jejunium.*				△			
28	*SS. Simon & Judas Apost.*	⚹	△			☍		☽ Perig. ad ♓.
29								
30			□	☍			☍	
31	*Vigilia & jejunium.*				15 ○ 20			⚹ ♃ ♀.

Immersiones primi Satellitis Jovis.

Dies.	H.	M.	S.	Dies.	H.	M.	S.	Dies.	H.	M.	S.
1	2	22	2	11	17	15	26	22	8	7	43
2	20	50	56	13	11	44	14	24	2	36	23
4	15	19	52	15	6	13	0	25	21	4	57
6	9	48	49	17	0	41	43	27	15	33	25
8	4	17	43	18	19	10	22	29	10	1	54
9	22	46	37	20	13	39	4	31	4	30	21

Novembris Motus Diurnus Planetarum, Anno 1705.

Nov. Gregor.	Oct. Julian.	♄ ♉ G.	M.	♃ ♋ G.	M.	♂ ♎ G.	M.	☉ ♏ G.	M.	S.	♀ ♎ G.	M.	☿ ♎ G.	M.	☾ ♉ G.	M.	S.	Lat. ☾ M. A. G.	M.	S.	☊ ☾ ♉ G.	M.	S.
1	21	16 ℞.	57	29	18	27	2	8	52	27	0	34	21	20	13	43	12	0 S.	56	39	24	28	7
2	22	16	52	29	20	27	43	9	52	42	1	46	22	32	28 ♊	8	48	0	23	36	23	40	48
3	23	16	47	29	23	28	24	10	52	57	2	59	23	50	12	17	15	1	40	53	23	7	20
4	24	16	42	29	25	29	4	11	53	13	4	12	25	14	25 ♋	53	1	2	49	16	22	53	34
5	25	16	37	29	28	29	45	12	53	28	5	24	26	44	9	10	12	3	37	38	22	55	38
6	26	16	33	29	30	0 ♏	26	13	53	43	6	37	28 ♏	24	22 ♌	6	30	4	17	28	23	13	19
7	27	16	28	29	31	1	7	14	54	7	7	49	0	6	4	27	6	4	44	26	23	41	24
8	28	16	23	29	33	1	48	15	54	30	9	2	1	51	16	40	0	4 D.	58	52	24	14	16
9	29	16	18	29	34	2	29	16	54	54	10	14	3	39	28 ♍	44	39	5	0	49	24	46	49
10	30	16	13	29	36	3	10	17	55	17	11	27	4	29	10	40	25	4	50	41	25	14	13
11	31	16	8	29	37	3	51	18	55	41	12	39	6	21	22 ♎	34	52	4	39	46	25	34	17
12	November 1	16	3	29	40	4	32	19	56	14	13	52	8	11	4	29	48	4	4	10	25	40	50
13	2	15	58	29	43	5	13	20	56	46	15	5	9	1	16	2	23	3	16	33	25	34	31
14	3	15	53	29	45	5	54	21	57	19	16	17	10	51	28 ♏	18	50	2	16	44	25	13	38
15	4	15	48	29	48	6	35	22	57	51	17	30	12	41	10	39	0	1	18	10	24	39	46
16	5	15	43	29	50	7	16	23	58	24	18	43	14	31	23 ♐	9	56	0 M.	3	57	23	54	51
17	6	15	38	29	50	7	57	24	59	4	19	55	16	19	6	20	0	1	5	0	23	13	35
18	7	15	33	29 ℞.	50	8	38	25	59	45	21	7	18	4	18 ♑	45	4	2	12	27	22	35	22
19	8	15	28	29	50	9	20	27	0	25	22	19	19	45	1	55	13	3	11	34	22	9	2
20	9	15	23	29	50	10	1	28	1	6	23	31	21	22	15	20	35	4	4	0	21	59	1
21	10	15	18	29	49	10	42	29 ♐	1	46	24	43	22	55	28 ♒	50	30	4	40	0	22	7	30
22	11	15	14	29	46	11	23	0	2	34	25	58	24	25	12	34	0	5 A.	0	0	22	32	9
23	12	15	10	29	43	12	4	1	3	21	27	13	25	55	26 ♓	18	37	5	8	0	23	7	7
24	13	15	5	29	40	12	45	2	4	9	28	28	27	26	10	20	45	4	54	0	23	48	36
25	14	15	1	29	37	13	26	3	4	56	29 ♏	43	28 ♐	55	24 ♈	35	12	4	20	46	24	24	42
26	15	14	57	29	33	14	7	4	5	44	0	58	0	25	8	50	20	3	36	0	24	48	40
27	16	14	52	29	30	14	48	5	6	38	2	12	1	56	23 ♉	18	0	2	35	0	24	53	30
28	17	14	47	29	27	15	29	6	7	33	3	26	3	28	7	44	50	1	26	0	24	37	9
29	18	14	43	29	24	16	11	7	8	27	4	40	4	59	22 ♊	13	0	0 S.	35	0	24	1	29
30	19	14	39	29	21	16	52	8	9	22	5	54	6	31	6	21	34	1	8	40	23	14	6

LATITUDO

Nov.	Oct.	Superiorum M. A. G.	M.	S. A. G.	M.	S. D. G.	M.	Inferiorum S. A. G.	M.	S. D. G.	M.
1	21	2	37	0	17	0	30	1	28	2	7
6	26	2	37	0	17	0	28	1	39	1	50
11	31	2	37	0	18	0	26	1	50	1	24
16	Nov. 5	2	37	0	19	0	23	1	53	0	51
21	10	2	36	0	20	0	20	1	55	0 M.	18
26	15	2	35	0	21	0	18	1	52	0	16

Novembris Aspectus Lunæ cum Planetis.

Dies.	Dierum Solemnitates.	♄ Orien.	♃ Orien	♂ Orien.	☉ H. M.	♀ Orien.	☿ Orien.	Aspectus Planetarum Mutui.
D. 1	*Festum Omnium Sanctorum.*		✱					
2	*Commemoratio Fidelium Def.*					△		
3	*S. Marcellus Episcopus.*						△	
4	S. Carolus Episc. & Confessor.			△		□		
5		✱			△			□ ♃ ♂.
6				□			□	□ ♃ ☿.
7		□			22 ☾ 22	✱		
D. 8	*XXIII. Dominica.*	Occid.						☌ ♂ ☿.
9	Dedicatio Basilicæ Salvatoris.			✱			✱	☍ ♄ ☉.
10		△			✱			
11	*S. Martinus Episc. & Confess.*		✱					☽ Apog. 23°. 31'. 57. ♍.
12	S. Martinus Papa & Martyr.					☌		
13	S. Didacus Confessor.							
14			□	☌				
D. 15	*XXIV. Dominica.*	☍					☌	
16			△		1 ● 41			☽ ☋. Eclipsis ☉.
17	S. Gregorius Thaumaturg. Ep.					✱		☍ ♄ ☿.
18	Dedicat. Basilic. Petri & Pauli.							
19	S. Elisabeth vidua Reg. Hung.			✱				
20		△				□	✱	
21	Præsentatio B. Mariæ Virginis.		☍	□	✱			△ ♃ ☉.
D. 22	*XXV. Dom.* S. Cæcilia V. & M.	□					□	
23	S. Clemens Papa & Martyr.				8 ☽ 44	△		
24	S. Chrysogonius Martyr.	✱		△				
25	S. Catharina Virgo & Martyr.		△		△		△	□ ♃ ♀. □ ♃ ☿. ☽ Perig.
26	S. Petrus Alexandrin. Ep. & M.							[ad ♓.
27			□			☍		☍ ♄ ♂.
28	*Vigilia & jejunium.*	☌		☍				
D. 29	*I. Dominica Adventus.*		✱					☽ ☊.
30	*S. Andreas Apostolus.*				3 ○ 15		☍	

Immersiones primi Satellitis Jovis.

Dies.	H.	M.	S.	Dies.	H.	M.	S.	Dies.	H.	M.	S.
1	22	58	46	12	13	48	30	23	4	36	38
3	17	27	11	14	8	16	39	24	23	4	30
5	11	55	32	16	2	44	46	26	17	32	22
7	6	23	51	17	21	12	48	28	12	0	11
9	0	52	4	19	15	40	47	30	6	28	1
10	19	20	19	21	10	8	45				

Decembris Motus Diurnus Planetarum, Anno 1705.

Gregor. Dec.	Julian. Nov.	♄ ♉		♃ ♋		♂ ♏		☉ ♐			♀ ♏		☿ ♐		☾ ♊			Lat. ☾ S. A.			☊ ☾ ♉		
Dies.		G.	M.	G.	M.	G.	M.	G.	M.	S.	G.	M.	G.	M.	G.	M.	S.	G.	M.	S.	G.	M.	S.
1	20	14 ℞.	34	29 ℞.	17	17	33	9	10	16	7	8	8	3	20 ♋	11	9	2	19	1	22	27	18
2	21	14	30	29	13	18	14	10	11	15	8	22	9	35	3	47	44	3	24	5	21	45	58
3	22	14	26	29	9	18	56	11	12	14	9	37	11	8	17	3	0	4	13	0	21	23	25
4	23	14	22	29	5	19	37	12	13	13	10	51	12	42	29 ♌	38	56	4	49	0	21	12	24
5	24	14	18	29	1	20	19	13	14	12	12	6	14	17	12	20	13	5 D.	7	20	21	21	3
6	25	14	15	28	57	21	0	14	15	11	13	20	15	52	24 ♍	37	0	5	10	8	21	41	54
7	26	14	11	28	54	21	42	15	16	14	14	34	17	26	7	55	10	4	51	52	22	7	57
8	27	14	7	28	50	22	24	16	17	18	15	48	19	1	18	42	17	4	36	0	22	44	19
9	28	14	4	28	46	23	6	17	18	21	17	2	20	35	0 ♎	30	19	4	15	15	23	15	50
10	29	14	0	28	42	23	48	18	19	25	18	16	22	10	12	4	23	3	25	56	22	34	10
11	30	13	56	28	38	24	30	19	20	28	19	30	23	44	24 ♏	5	43	2	36	30	24	0	17
12	December. 1	13	53	28	33	25	12	20	21	35	20	44	25	19	6	3	52	1	36	30	24	4	48
13	2	13	50	28	28	25	54	21	22	43	21	59	26	54	18 ♐	28	3	0 M.	29	4	23	53	40
14	3	13	46	28	23	26	36	22	23	50	23	13	28	29	1	36	0	0	43	2	23	27	46
15	4	13	43	28	18	27	18	23	24	58	24	28	0 ♑	4	14	39	38	1	52	36	22	48	7
16	5	13	40	28	13	28	0	24	26	5	25	42	1	39	27 ♑	43	32	2	54	48	22	2	13
17	6	13	37	28	7	28	42	25	27	14	26	57	3	14	11	18	24	3	52	24	21	16	15
18	7	13	34	28	1	29	24	26	28	24	28	11	4	49	25	6	36	4	35	45	20	41	6
19	8	13	31	27	56	0 ♐	6	27	29	33	29	26	6	24	9 ♒	9	23	5	3	50	20	23	37
20	9	13	28	27	50	0	48	28	30	43	0 ♐	40	7	59	23 ♓	16	15	5 A.	13	48	20	26	7
21	10	13	26	27	44	1	30	29 ♑	31	52	1	55	9	34	7	21	58	5	3	59	20	46	28
22	11	13	23	27	37	2	12	0	33	3	3	10	11	10	21 ♈	30	22	4	36	21	21	21	38
23	12	13	21	27	31	2	54	1	34	15	4	25	12	46	5	35	35	3	51	29	22	1	34
24	13	13	18	27	24	3	36	2	35	26	5	39	14	21	19 ♉	43	12	2	53	25	22	40	17
25	14	13	16	27	18	4	18	3	36	38	6	54	15	57	3	51	51	1	43	22	23	8	20
26	15	13	13	27	11	5	0	4	37	49	8	9	17	33	17	42	17	0 S.	30	36	23	18	53
27	16	13	11	27	4	5	42	5	39	1	9	24	19	8	1 ♊	30	16	0	44	35	23	12	15
28	17	13	10	26	56	6	24	6	40	13	10	39	20	43	15	16	11	1	56	45	22	42	15
29	18	13	8	26	49	7	6	7	41	25	11	54	22	18	28 ♋	50	0	3	1	9	22	0	19
30	19	13	6	26	42	7	48	8	42	37	13	10	23	53	12	5	17	3	54	14	21	13	56
31	20	13	5	26	34	8	30	9	43	49	14	25	25	28	25	6	53	4	33	33	20	30	23

LATITUDO

Dec.	Nov.	Superiorum M. A.		S. A.		S. D.		Inferiorum S. D.		M. D.	
Dies.		G.	M.	G.	M.	G.	M.	G.	M.	G.	M.
1	20	2	34	0	22	0	15	1	49	0	47
6	25	2	33	0	23	0	13	1	44	1	15
11	30	2	32	0	24	0	10	1	38	1	39
16	Dec. 5	2	31	0	25	0	7	1	28	1	57
21	10	2	30	0	25	0	4	1	19	2 A.	7
26	15	2	29	0	26	0	1	1	7	2	8

Decembris Aſpectus Lunæ cum Planetis.

Dies.	Dierum Solemnitates.	♄ Occid.	♃ Orien.	♂ Orien.	☉ H. M.	♀ Orien.	☿ Orien.	Aſpectus Planetarum Mutui.
1	S. Eligius Epiſcopus & Conf.							
2	S. Bibiana Virgo & Martyr.	✱				△		
3	S. Franciſcus Xaverius Conf.		☌	△			Occid.	☌ ☉ ☿.
4	S. Barbara Virgo & Martyr.					□		
5	S. Sabbas Abbas.	□		□	△		△	
D. 6	*II. Dom.* S. Nicolaus Ep. & C.							
7	S. Ambroſius Ep. C. & Eccl. D.				18 ☾ 4	✱		☍ ♄ ♀.
8	*Conceptio B. Mariæ Virginis.*	△					□	
9			✱	✱				☾ Ap. ad 0°.30'.19'. ♎
10	S. Valeria Virgo & Martyr.				✱		✱	
11	S. Damaſus Papa & Confeſſor.		□					
12	SS. Epimacus & Alexander M.	☍						
D. 13	*III. Dom.* S. Lucia Virgo & M.		△	☌		☌		☾ ☋.
14								
15	S. Euſebius Epiſc. & Martyr.				17 ● 43			
16	*Quatuor Tempora.*						☌	△ ♃ ♂.
17		△						
18	*Quatuor Tempora.*		☍	✱		✱		△ ♃ ♀.
19	*Quatuor Tempora.*	□						
D. 20	*IV. Dominica Adventus.*			□	✱	□		☌ ♂ ♀.
21	*S. Thomas Apoſtolus.*	✱					✱	
22			△	△	16 ☽ 35	△		☾ Per. ad 21°.30'.22'. ♓.
23							□	△ ♄ ☿.
24	*Vigilia & jejunium.*		□					
25	*NATIVITAS D. N. J. C.*	☌			△			
26	*S. Stephanus Protomartyr.*		✱				△	☾ ☊.
D. 27	*S. Joannes Apoſt. & Evang.*			☍		☍		
28	*SS. Innocentes Martyres.*							
29	S. Thomas Epiſc. & Martyr.				17 ○ 16			
30		✱						
31	S. Silveſter Papa & Confeſſor.						☍	☍ ♃ ☿.

Immerſiones primi Satellitis Jovis.

Dies.	H.	M.	S.	Dies.	H.	M.	S.	Dies.	H.	M.	S.
2	0	56	13	12	15	41	55	23	6	27	30
3	19	23	56	14	10	9	35	25	0	55	8
5	13	51	13	16	4	37	13	26	19	22	51
7	8	18	52	17	23	4	51	28	13	50	26
9	2	46	32	19	17	32	18	30	8	18	6
10	21	14	13	21	11	59	59				

Errata anni 1705.

P*Ag.* 4. in Lat. ☿ inter 1 & 6 *ſcribe* A.
Pag 6. in Lat. ☿ inter 6 & 11 *ſcribe* D.
Pag. 7. in Col. ☿ die 10 *ſcribe* Orien.
Pag. 8. in Lat. ☾ die 13. *loco* 2° 51′ 20″ *ſcribe* 3° 21′ 20″. *In ead. Col.* die 29. *ſcribe* S.
In ead. Pag. in Lat. ☿ inter 1 & 6 *ſcribe* M.
Pag. 10. in Lat. ☾ die 4. *loco* 5° 13′ 18″ *ſcribe* 5° 1′ 58″ : Die 17 *loco* 4° 51′ 2″, *lege* 4° 41′ 2″ : Die 29. *loco* 3° 50′ 38″, *lege* 4° 3′ 28″.
In ead. Pag. die 12. ☊☾ *lege* 3° 42′ 0″ *loco* 3° 12′ 30″ : Die 22 *loco* 4° 55′ 37″ *ſcribe* 4° 35′ 37″.
Pag. 11. ♄ eſt Orien. die 29 : Et die 21 ☿ eſt Occid. Die 30 in col. ⊙ *loco* ☾ *ſcribe* ☽. *Item pag.* 13. die 30. *Et pag.* 15. die 28. in eadem col.
Pag. 13. ſub ♃, ♀ & ☿, *loco* Orien. *ſcribe*, Occid.
Pag. 14. in Col. ☿ die 17. *loco* 22° 1′, *ſcribe* 22° 19′ : Die 18 *loco* 21° 17′ *ſcribe* 21° 52′ : Die 19. *loco* 20° 37′ *ſcribe* 21° 25′ : & die 20, *loco* 20° 1′ *ſcribe* 20° 58′.
In eadem pag. in Lat. ☾ die 24. *loco* 4° 40′ 6″ *ſcribe* 4° 49′ 6″. Et in Col. ☊☾ die 25 *loco* 0 29′ 55″ *ſcribe* 29° 55′ 50″.
Pag. 15. die 29, ♃ eſt Orien. Die 21 ♀ eſt Orien. & die 15 ☿ eſt Orien.
Pag. 16. in Lat. ☾ inter 15 & 16 *ſcribe* S.
Pag. 20. ſub Lat. ☾ *loco* M A *ſcribe* M D, *inter* 3 & 4 *ſcribe* A.
Pag. 22. in Lat. ♀, inter 5 & 6 *ſcribe* S.

www.ingramcontent.com/pod-product-compliance
Ingram Content Group UK Ltd.
Pitfield, Milton Keynes, MK11 3LW, UK
UKHW021137230726
13926UKWH00002B/847

9 782014 448412